住房和城乡建设领域施工现场专业人员继续教育培训教材

施工员（市政方向）岗位知识（第二版）

中国建设教育协会继续教育委员会　组织编写

中国建筑工业出版社

图书在版编目（CIP）数据

施工员（市政方向）岗位知识/中国建设教育协会
继续教育委员会组织编写．—2版．—北京：中国建筑
工业出版社，2021.8（2022.1重印）
住房和城乡建设领域施工现场专业人员继续教育培训
教材
ISBN 978-7-112-26394-3

Ⅰ.①施…　Ⅱ.①中…　Ⅲ.①市政工程-工程施工-
继续教育-教材　Ⅳ.①TU99

中国版本图书馆 CIP 数据核字（2021）第 147888 号

　　本书根据住房城乡建设领域施工现场专业人员继续教育大纲要求，结合
多年设计、施工、监理和教学实践体会编写而成。

　　全书共分为 4 章。其中内容包括：1. 新政策、新法规；2. 新标准、新规
范；3. 新材料、新设备；4. 新技术、新工艺。全书收集并汇总近年来新颁布
或更新的法律法规、规范规程和标准，并对城市道路、桥梁、轨道交通及隧
道和管道工程施工用的新材料、新设备、新技术和新工艺等方面做了简要介
绍，以方便大家学习和使用时参考。

　　本书可作为住房城乡建设领域施工现场市政施工员等专业人员继续教育
的教材，也可供其他相关专业的教学、设计、施工技术人员参考。

　　责任编辑：李　慧
　　责任校对：赵　菲

住房和城乡建设领域施工现场专业人员继续教育培训教材
施工员（市政方向）岗位知识（第二版）
中国建设教育协会继续教育委员会　组织编写

*

中国建筑工业出版社出版、发行（北京海淀三里河路 9 号）
各地新华书店、建筑书店经销
唐山龙达图文制作有限公司制版
北京京华铭诚工贸有限公司印刷

*

开本：787 毫米×1092 毫米　1/16　印张：11½　字数：285 千字
2021 年 10 月第二版　　2022 年 1 月第二次印刷
定价：45.00 元
ISBN 978-7-112-26394-3
（37835）

丛书编委会

主　任：高延伟　丁舜祥　徐家斌

副主任：成　宁　徐盛发　金　强　李　明

委　员（按姓名笔画排序）：

丁国忠　马　记　马升军　王　飞　王正宇　王东升

王建玉　白俊锋　吕祥永　刘　忠　刘　媛　刘清泉

李　志　李　杰　李亚楠　李斌汉　余志毅　张　宠

张克纯　张丽娟　张贵良　张燕娜　陈华辉　陈泽攀

范小叶　金广谦　金孝权　赵　山　姜　慧　胡本国

胡兴福　黄　玥　阚咏梅　魏僮燕

出版说明

　　住房和城乡建设领域施工现场专业人员（以下简称施工现场专业人员）是工程建设项目现场技术和管理关键岗位从业人员，人员队伍素质是影响工程质量和安全生产的关键因素。当前，我国建筑行业仍处于较快发展进程中，城镇化建设方兴未艾，城市房屋建设、基础设施建设、工业与能源基地建设、交通设施建设等市场需求旺盛。为适应行业发展需求，各类新标准、新规范陆续颁布实施，各种新技术、新设备、新工艺、新材料不断涌现，工程建设领域的知识更新和技术创新进一步加快。

　　为加强住房和城乡建设领域人才队伍建设，提升施工现场专业人员职业水平，住房和城乡建设部印发了《关于改进住房和城乡建设领域施工现场专业人员职业培训工作的指导意见》（建人〔2019〕9号）、《关于推进住房和城乡建设领域施工现场专业人员职业培训工作的通知》（建办人函〔2019〕384号），并委托中国建筑工业出版社组织制定了《住房和城乡建设领域施工现场专业人员继续教育大纲》。依据大纲，中国建筑工业出版社、中国建设教育协会继续教育委员会和江苏省建设教育协会，共同组织行业内具有多年教学和现场管理实践经验的专家编写了本套教材。

　　本套教材共14本，即：《公共基础知识（第二版）》（各岗位通用）与《××员岗位知识（第二版）》（13个岗位），覆盖了《建筑与市政工程施工现场专业人员职业标准》涉及的施工员、质量员、标准员、材料员、机械员、劳务员、资料员等13个岗位，结合企业发展与从业人员技能提升需求，精选教学内容，突出能力导向，助力施工现场专业人员更新专业知识，提升专业素质、职业水平和道德素养。

　　我们的编写工作难免存在不足，请使用本套教材的培训机构、教师和广大学员多提宝贵意见，以便进一步修订完善。

第二版前言

本书根据《住房和城乡建设领域施工现场专业人员继续教育大纲》（2021 版）要求，结合多年设计、施工、监理和教学实际情况编写而成。考虑到市政工程专业面广、专业特色明显、施工技术发展较快的特点，教材编写时收入了高支模、深基坑、盾构等专项施工方案的实用案例，希望能为从事市政工程施工员等相关工作的工程技术人员提供实用参考。

全书共分为 4 章。其中第 1 章是新颁布或新修订的政策、法规，并对《园林绿化工程建设管理规定》《工程质量安全手册（试行）》和《城市轨道交通工程建设安全生产标准化管理技术指南》做了全文收录和摘录；第 2 章是新标准、新规范，按国家、行业、地方等标准收集汇总近年来新颁布或新修订的规范、规程及标准，并对部分规范、规程及标准的主要内容进行节选收录；第 3 章是新材料、新设备，针对市政道路、桥梁、轨道交通及隧道和管道工程中使用的新材料和新设备做了介绍；第 4 章是建设工程新技术、新工艺，主要介绍了市政工程中出现的新技术、新工艺及其应用实例，为从事市政施工员等岗位的专业技术人员提供全新的视野。

市政施工员是一项专业性强的工作岗位，由于涉及专业多、知识面广、施工中所使用的材料、设备和技术不断更新，应紧跟当前本领域的发展，更新知识结构，才能胜任本职工作。继续教育教材的内容图文并茂，实用价值高，可供相关专业人员学习参考。

本书由金广谦主编并执笔各章的编写。参加本书编写的还有解放军陆军工程大学高磊、焦经纬、谢兴坤、洪娟，南京市市政工程质量安全监督站潘涛，中国建筑第八工程局有限公司李华志、张波、范小叶等。

在教材编写、出版过程中得到了江苏省住房和城乡建设厅人教处、江苏省建设教育协会、南京市市政工程质量安全监督站及中国建筑第八工程局有限公司等单位的领导和相关同行的大力支持，在此表示感谢。

由于作者的水平和经验所限，加之时间仓促，本书难免有不妥之处，恳请广大读者批评指正。

第一版前言

本书根据住房和城乡建设领域施工现场专业人员继续教育大纲要求，结合多年设计、施工、监理和教学实际情况编写而成。考虑到市政工程专业面广、专业特色明显、施工技术发展较快的特点，教材编写时收入了高支模、深基坑、盾构等专项施工方案的实用案例，希望能为从事市政工程施工员等相关工作的工程技术人员提供实用参考。

全书共分为4章。其中第1章是新颁布或修订的政策、法规，收集和汇总近年来新颁布或更新的政策法规，并对工程质量安全提升行动方案、园林绿化工程建设管理规定和城市轨道交通建设工程验收管理暂行办法做了全文收录；第2章是建设工程相关规范、标准，按国家、行业、地方等标准收集汇总近年来新颁布或更新的规范、规程及标准，并对部分规范、规程及标准的主要内容进行摘要收录；第3章是新材料和新设备，针对市政道路、桥梁、隧道及管道工程中使用的新材料和新设备做了介绍；第4章是建设工程新技术和新工艺，主要介绍了市政工程中出现的新技术、新工艺及其应用实例，为从事市政施工员等岗位的专业技术人员提供全新的视野。

市政施工员是一项专业性强的工作岗位，由于涉及专业多、知识面广、施工中所使用的材料、设备和技术不断更新，应紧跟当前本领域的发展，更新知识结构，才能胜任本职工作。继续教育教材的内容图文并茂，实用价值高，可供相关专业人员学习参考。

本书由金广谦主编。参加本教材编写的还有陆军工程大学野战工程学院高磊、焦经纬、谢兴坤，南京市市政工程质量安全监督站潘涛，中建八局股份有限公司张波，范小叶等。

在教材编写、出版过程中得到了住房和城乡建设部人事司、江苏省住房和城乡建设厅人教处、江苏省教育协会的领导以及南京市市政工程质量安全监督站和中建八局股份有限公司等相关同行的大力支持，在此表示感谢。

由于作者的水平和经验所限，加之时间仓促，本书难免有不妥之处，恳请广大读者批评指正。

目　　录

第1章 新政策、新法规

第1节 新颁布或新更新的主要政策、法规文件清单

2014年及以后新颁布或新更新的与市政工程质量员工作相关的主要政策、法规文件汇总见表1-1，本章将对《工程质量安全手册（试行）》《城市轨道交通工程建设安全生产标准化管理技术指南》进行介绍。

新颁布或新更新的主要政策、法规文件汇总表 表1-1

类别	文件名称	文号
综合管理	城镇排水与污水处理条例	国务院令641号
	住房城乡建设部关于印发城市轨道交通建设工程验收管理暂行办法的通知	建质〔2014〕42号
	建筑工程施工许可管理办法	住房和城乡建设部令第18号
	住房城乡建设部关于印发推进建筑信息模型应用指导意见的通知	建质函〔2015〕159号
	国务院关于印发"十三五"国家信息化规划的通知	国发〔2016〕73号
	住房城乡建设部财政部关于印发建设工程质量保证金管理办法的通知	建质〔2017〕138号
	住房城乡建设部印发《园林绿化工程建设管理规定》的通知	建城〔2017〕251号
	住房城乡建设部关于印发工程质量安全手册(试行)的通知	建质〔2018〕95号
	住房城乡建设部办公厅关于印发城市轨道交通工程土建施工质量标准化管理技术指南的通知	建办质〔2018〕65号
	住房和城乡建设部办公厅关于印发城市轨道交通工程创新技术指南的通知	建办质函〔2019〕274号
	建设工程消防设计审查验收管理暂行规定	住房和城乡建设部令第51号
	住房和城乡建设部关于落实建设单位工程质量首要责任的通知	建质规〔2020〕9号
安全生产	中华人民共和国特种设备安全法	主席令第四号
	中华人民共和国安全生产法	主席令第十三号
	住房城乡建设部办公厅关于实施《危险性较大的分部分项工程安全管理规定》有关问题的通知	建质办〔2018〕31号
	危险性较大的分部分项工程安全管理规定	住房和城乡建设部令第37号
	《市政工程施工安全检查标准》CJJ/T 275—2018	住房和城乡建设部公告2018第1号
	住房和城乡建设部办公厅关于推广使用房屋市政工程安全生产标准化指导图册的通知	建办质函〔2019〕90号
	住房和城乡建设部办公厅关于印发城市轨道交通工程建设安全生产标准化管理技术指南的通知	建办质〔2020〕27号
	住房和城乡建设部办公厅关于印发城市轨道交通工程地质风险控制技术指南的通知	建办质〔2020〕47号
劳动保障	国务院办公厅印发《关于全面治理拖欠农民工工资问题的意见》	国办发〔2016〕1号
	住房和城乡建设部、人力资源社会保障部关于印发建筑工人实名制管理办法(试行)的通知	建市〔2019〕18号
建筑市场及招投标管理	住房和城乡建设部关于印发建筑工程施工发包与承包违法行为认定查处管理办法的通知	建市规〔2019〕1号
	住房和城乡建设部关于印发建设工程企业资质管理制度改革方案的通知	建市〔2020〕94号

第2节 《工程质量安全手册（试行）》（节选）

住房城乡建设部关于印发工程质量安全手册（试行）的通知

建质〔2018〕95 号

各省、自治区住房城乡建设厅，直辖市建委（规划国土委），新疆生产建设兵团住房城乡建设局：

为深入开展工程质量安全提升行动，保证工程质量安全，提高人民群众满意度，推动建筑业高质量发展，我部制定了《工程质量安全手册（试行）》，现印发你们，请遵照执行。

各地住房城乡建设主管部门可在工程质量安全手册的基础上，结合本地实际，细化有关要求，制定简洁明了、要求明确的实施细则。要督促工程建设各方主体认真执行工程质量安全手册，将工程质量安全要求落实到每个项目、每个员工，落实到工程建设全过程。要以执行工程质量安全手册为切入点，开展质量安全"双随机、一公开"检查，对执行情况良好的企业和项目给予评优评先等政策支持，对不执行或执行不力的企业和个人依法依规严肃查处并曝光。我部将适时组织开展对工程质量安全手册执行情况的督查。

各地在执行中遇到的问题，请及时反馈我部工程质量安全监管司。

中华人民共和国住房城乡建设部

2018 年 9 月 21 日

关于进一步落实工程质量安全手册制度的通知

建司局函质〔2020〕118 号

各省、自治区住房和城乡建设厅，直辖市住房和城乡建设（管）委，新疆生产建设兵团住房和城乡建设局：

《工程质量安全手册（试行）》自印发以来，各地高度重视，大胆探索、先行先试，形成一系列好的做法和经验，对提升工程质量安全水平起到了积极推动作用。为进一步完善质量安全保障体系，认真落实工程质量安全手册（以下简称手册）制度，着力提升工程质量安全管理标准化和规范化水平，现将有关事项通知如下：

一、加快健全手册体系

各地要加快编制印发地方手册和企业手册，逐步完善国家、省级和企业三级手册体系。地方手册要符合法律法规、国家和地方标准，力求简洁实用，体现地区特色。企业手册要结合工艺、工法，通过制作配套图册、录制视频等形式将手册内容具体化、形象化。湖北省制定了省级手册和图册，北京市制定了手册检查实施细则，取得一定效果，各地可从我部网站上下载参考，下载地址为：部网站首页—工程质量安全监管—政策发布。

二、加强手册示范引领

各地要坚持样板引路、试点先行，选取部分龙头企业和项目开展手册应用试点，将手册要求与企业和施工现场质量安全管理相结合，尽快落地一批具有社会影响力和示范作用的工程项目，以点带面、全面推进。要积极探索信息化等手段，搭建手册应用平台，方便手册在施工现场参阅和执行，推动手册逐步实现企业、项目和人员全覆盖。

三、加大手册宣传力度

各地要通过会议、现场观摩、培训等形式开展手册宣传贯彻，解读手册内容和要求，明确工作目标和重点任务，增进各级主管部门和企业对手册的认识和理解。要将手册内容纳入建筑工人技能培训体系中，编制培训教材，规范项目实施人员作业行为。要充分利用报刊、网络、电视等媒体以及"质量月""安全生产月"活动等平台，营造学习、应用手册的良好氛围。

四、强化手册督促落实

各地要将手册要求落实到各类质量、安全评优中，根据手册内容制定检查实施细则，积极开展"双随机、一公开"检查，对手册执行良好的企业和项目给予评优评先等政策激励，对不执行或执行不力的依法依规严肃查处并曝光。

住房和城乡建设部工程质量安全监管司
2020 年 12 月 25 日

《工程质量安全手册（试行）》（节选）

1　总则

1.1　目的

完善企业质量安全管理体系，规范企业质量安全行为，落实企业主体责任，提高质量安全管理水平，保证工程质量安全，提高人民群众满意度，推动建筑业高质量发展。

1.3　适用范围

房屋建筑和市政基础设施工程。

2　行为准则

2.1　基本要求

2.1.1　建设、勘察、设计、施工、监理、检测等单位依法对工程质量安全负责。

2.1.2　勘察、设计、施工、监理、检测等单位应当依法取得资质证书，并在其资质等级许可的范围内从事建设工程活动。施工单位应当取得安全生产许可证。

2.1.3　建设、勘察、设计、施工、监理等单位的法定代表人应当签署授权委托书，明确各自工程项目负责人。

项目负责人应当签署工程质量终身责任承诺书。

法定代表人和项目负责人在工程设计使用年限内对工程质量承担相应责任。

2.1.4　从事工程建设活动的专业技术人员应当在注册许可范围和聘用单位业务范围内从业，对签署技术文件的真实性和准确性负责，依法承担质量安全责任。

2.1.5　施工企业主要负责人、项目负责人及专职安全生产管理人员（以下简称"安管人员"）应当取得安全生产考核合格证书。

2.1.6　工程一线作业人员应当按照相关行业职业标准和规定经培训考核合格，特种作业人员应当取得特种作业操作资格证书。工程建设有关单位应当建立健全一线作业人员的职业教育、培训制度，定期开展职业技能培训。

2.1.7 建设、勘察、设计、施工、监理、监测等单位应当建立完善危险性较大的分部分项工程管理责任制，落实安全管理责任，严格按照相关规定实施危险性较大的分部分项工程清单管理、专项施工方案编制及论证、现场安全管理等制度。

2.1.8 建设、勘察、设计、施工、监理等单位法定代表人和项目负责人应当加强工程项目安全生产管理，依法对安全生产事故和隐患承担相应责任。

2.1.9 工程完工后，建设单位应当组织勘察、设计、施工、监理等有关单位进行竣工验收。工程竣工验收合格，方可交付使用。

2.2 质量行为要求

2.2.1 建设单位

（1）按规定办理工程质量监督手续。

（2）不得肢解发包工程。

（3）不得任意压缩合理工期。

（4）按规定委托具有相应资质的检测单位进行检测工作。

（5）对施工图设计文件报审图机构审查，审查合格方可使用。

（6）对有重大修改、变动的施工图设计文件应当重新进行报审，审查合格方可使用。

（7）提供给监理单位、施工单位经审查合格的施工图纸。

（8）组织图纸会审、设计交底工作。

（9）按合同约定由建设单位采购的建筑材料、建筑构配件和设备的质量应符合要求。

（10）不得指定应由承包单位采购的建筑材料、建筑构配件和设备，或者指定生产厂、供应商。

（11）按合同约定及时支付工程款。

2.2.2 勘察、设计单位

（1）在工程施工前，就审查合格的施工图设计文件向施工单位和监理单位作出详细说明。

（2）及时解决施工中发现的勘察、设计问题，参与工程质量事故调查分析，并对因勘察、设计原因造成的质量事故提出相应的技术处理方案。

（3）按规定参与施工验槽。

2.2.3 施工单位

（1）不得违法分包、转包工程。

（2）项目经理资格符合要求，并到岗履职。

（3）设置项目质量管理机构，配备质量管理人员。

（4）编制并实施施工组织设计。

（5）编制并实施施工方案。

（6）按规定进行技术交底。

（7）配备齐全该项目涉及的设计图集、施工规范及相关标准。

（8）由建设单位委托见证取样检测的建筑材料、建筑构配件和设备等，未经监理单位见证取样并经检验合格的，不得擅自使用。

（9）按规定由施工单位负责进行进场检验的建筑材料、建筑构配件和设备，应报监理单位审查，未经监理单位审查合格的不得擅自使用。

（10）严格按审查合格的施工图设计文件进行施工，不得擅自修改设计文件。

（11）严格按施工技术标准进行施工。

（12）做好各类施工记录，实时记录施工过程质量管理的内容。

（13）按规定做好隐蔽工程质量检查和记录。

（14）按规定做好检验批、分项工程、分部工程的质量报验工作。

（15）按规定及时处理质量问题和质量事故，做好记录。

（16）实施样板引路制度，设置实体样板和工序样板。

（17）按规定处置不合格试验报告。

2.2.4　监理单位

（1）总监理工程师资格应符合要求，并到岗履职。

（2）配备足够的具备资格的监理人员，并到岗履职。

（3）编制并实施监理规划。

（4）编制并实施监理实施细则。

（5）对施工组织设计、施工方案进行审查。

（6）对建筑材料、建筑构配件和设备投入使用或安装前进行审查。

（7）对分包单位的资质进行审核。

（8）对重点部位、关键工序实施旁站监理，做好旁站记录。

（9）对施工质量进行巡查，做好巡查记录。

（10）对施工质量进行平行检验，做好平行检验记录。

（11）对隐蔽工程进行验收。

（12）对检验批工程进行验收。

（13）对分项、分部（子分部）工程按规定进行质量验收。

（14）签发质量问题通知单，复查质量问题整改结果。

2.2.5　检测单位

（1）不得转包检测业务。

（2）不得涂改、倒卖、出租、出借或者以其他形式非法转让资质证书。

（3）不得推荐或者监制建筑材料、构配件和设备。

（4）不得与行政机关，法律、法规授权的具有管理公共事务职能的组织以及所检测工程项目相关的设计单位、施工单位、监理单位有隶属关系或者其他利害关系。

（5）应当按照国家有关工程建设强制性标准进行检测。

（6）应当对检测数据和检测报告的真实性和准确性负责。

（7）应当将检测过程中发现的建设单位、监理单位、施工单位违反有关法律、法规和工程建设强制性标准的情况，以及涉及结构安全检测结果的不合格情况，及时报告工程所在地住房城乡建设主管部门。

（8）应当单独建立检测结果不合格项目台账。

（9）应当建立档案管理制度。检测合同、委托单、原始记录、检测报告应当按年度统一编号，编号应当连续，不得随意抽撤、涂改。

2.3 安全行为要求

2.3.3 施工单位

（1）设立安全生产管理机构，按规定配备专职安全生产管理人员。

（2）项目负责人、专职安全生产管理人员与办理施工安全监督手续资料一致。

（3）建立健全安全生产责任制度，并按要求进行考核。

（4）按规定对从业人员进行安全生产教育和培训。

（5）实施施工总承包的，总承包单位应当与分包单位签订安全生产协议书，明确各自的安全生产职责并加强履约管理。

（6）按规定为作业人员提供劳动防护用品。

（7）在有较大危险因素的场所和有关设施、设备上，设置明显的安全警示标志。

（8）按规定提取和使用安全生产费用。

（9）按规定建立健全生产安全事故隐患排查治理制度。

（10）按规定执行建筑施工企业负责人及项目负责人施工现场带班制度。

（11）按规定制定生产安全事故应急救援预案，并定期组织演练。

（12）按规定及时、如实报告生产安全事故。

2.3.4 监理单位

（1）按规定编制监理规划和监理实施细则。

（2）按规定审查施工组织设计中的安全技术措施或者专项施工方案。

（3）按规定审核各相关单位资质、安全生产许可证、"安管人员"安全生产考核合格证书和特种作业人员操作资格证书并做好记录。

（4）按规定对现场实施安全监理。发现安全事故隐患严重且施工单位拒不整改或者不停止施工的，应及时向政府主管部门报告。

2.3.5 监测单位

（1）按规定编制监测方案并进行审核。

（2）按照监测方案开展监测。

第3节 《城市轨道交通工程建设安全生产标准化管理技术指南》（节选）

住房和城乡建设部办公厅关于印发
城市轨道交通工程建设安全生产标准化管理技术指南的通知

建办质〔2020〕27号

各省、自治区住房和城乡建设厅，直辖市住房和城乡建设（管）委，新疆生产建设兵团住房和城乡建设局，上海市交通委员会、山东省交通运输厅：

为加强城市轨道交通工程建设安全生产工作，提升安全生产标准化管理水平，按照《工程质量安全手册（试行）》要求，我部编制了《城市轨道交通工程建设安全生产标准化管理技术指南》。现印发给你们，请结合实际参照执行。

中华人民共和国住房和城乡建设部办公厅

2020 年 6 月 12 日

《城市轨道交通工程建设安全生产标准化管理技术指南（试行）》

2.1　建设单位管理行为

2.1.1　管理体系

2.1.2　责任制与管理制度

2.1.3　安全教育与培训

2.1.4　前期保障

1. 工期造价管理
2. 参建各方主体资质和人员资格审查
3. 合同履约
4. 提供工程基础资料
5. 初步设计阶段风险评估
6. 委托专项勘察、设计
7. 报送施工图审查

2.1.5　施工准备

1. 组织交底、图纸会审
2. 委托第三方监测
3. 委托风险咨询
4. 提供施工场地
5. 办理相关施工手续

2.1.6　现场管理

1. 材料设备管理
2. 现场协调管理
3. 现场履约管理与检查
4. 违规行为

2.1.7　工程验收与档案管理

1. 编制内容全面的验收方案，验收方案的内容应包括验收小组人员组成、验收方法等；在具备验收条件后，按规定分别组织单位工程验收、项目工程验收和工程竣工验收。

2. 单位工程验收合格且通过相关专项验收后，方可组织项目工程验收；项目工程验收合格后，应组织不载客试运行，试运行三个月、并通过全部专项验收后，方可组织竣工验收。

3. 应对验收小组主要成员资格进行核查，验收的内容、程序和质量抽样检查应符合《城市轨道交通建设工程验收管理暂行办法》等相关规定，各阶段验收的成果资料应完整，人员签字齐全。

4. 验收合格后方可进入下一阶段验收，工程经竣工验收合格后方可交付使用，竣工验收后应按相关规定及时办理备案手续。

5. 对不影响运营安全及使用功能的缓建、缓验的项目应获得相关部门批准。

6. 建立资料管理制度，严格按照国家有关档案管理的规定，及时收集、整理建设项目各环节的文件资料，建立健全建设项目档案，并在建设工程竣工验收后，及时向建设行政主管部门或者其他有关部门移交建设项目档案。

7. 建立五方项目负责人质量终身责任信息档案。

2.2　勘察单位

2.2.1　资质资格与管理体系

2.2.2　管理制度

2.2.3　勘察大纲策划

1. 资料收集与研究

2. 大纲编制

3. 勘探点布置

4. 取样、原位测试、物探、现场试验布置

5. 室内试验布置

2.2.4　勘察实施

1. 大纲落实

2. 管线及构筑物核查

3. 孔位测放

4. 探孔调整

5. 钻进及岩芯采取率

6. 岩土鉴别与描述

7. 样品采集

8. 原位测试

9. 物探测试

10. 水位观测及水文地质试验

11. 外业记录

12. 室内试验

13. 外业安全

2.2.5　勘察成果

1. 岩土层划分

2. 不良地质与特殊性岩土

3. 地下水

4. 场地稳定性、适宜性

5. 围岩及土石工程分级

6. 岩土物理力学参数

7. 工程地质、水文地质条件评价及措施建议

8. 场地与地基的建筑抗震设计基本条件

9. 环境影响分析

10. 遗留问题说明

11. 成果审查及意见落实情况

12. 勘察成果准确性

2.2.6　勘察服务

1. 勘察成果交底

2. 施工配合

2.2.7　工程验收与档案管理

1. 工程验收

2. 档案管理

2.4　施工单位

2.4.1　资质资格与管理体系

1. 资质资格与人员

（1）施工单位应具备相应施工资质，并依法取得安全生产许可证。

（2）项目经理应具备相应执业资格，持有安全生产考核合格证，应在岗履职，不得同时在两个及两个以上的工程项目担任项目经理，如需更换应征得建设单位及相关部门书面同意。

（3）施工单位项目班子成员（项目经理、副经理、总工）应至少有一名从事过同类水文地质条件的工程项目，并具有相关实践经验。

（4）施工单位项目负责人、技术负责人、安全负责人等主要管理人员按合同规定履职，落实现场带班制度。

（5）项目应按照《建筑施工企业安全生产管理机构设置及专职安全生产管理人员配备办法》及施工合同要求，配备相应数量安全管理人员，安全管理人员应持相应的安全生产考核合格证，并按规定到岗履职。

（6）特种作业人员应持有效证件，盾构司机应经过专业培训和实际操作考核，合格后方可上岗。

（7）每个标准车站和每条盾构区间应至少配备监测人员2名，监测人员可兼管车站和区间，但工程周边环境、施工工法复杂程度加大或同期开工工点较多时应适当增加监测技术人员。

（8）应根据工程规模大小和类型，配备与工程相匹配监测设备，并保证数量满足监测要求。

2. 管理机构

（1）应按合同约定成立项目管理组织机构，建立健全管理制度和管理体系，选择和任命工程项目管理人员，明确相关人员职责。

（2）施工单位应成立以项目经理为组长的安全专职管理机构和安全生产领导小组，项目经理应对所承担工程项目的施工安全负责，为第一责任人。

3. 分包管理

（1）施工单位应按照《房屋建筑和市政基础设施工程施工分包管理办法》规定进行专业分包，严禁转包或违法分包。

（2）施工总包单位依法将工程分包给其他单位，分包合同中应包含安全生产协议，并明确施工总包单位与分包单位的安全责任、权利和义务。

（3）分包单位应具有相应等级的施工资质，并依法取得安全生产许可证。专业分包合同须经建设单位认可。

（4）分包单位项目经理应具备相应的职业资格，按照分包施工合同要求到岗履职，如需更换或离开现场，需征得总包单位批准。

（5）分包单位应按合同规定建立安全管理机构，配备相应数量的专职安全管理人员，其数量应满足施工生产及合同要求。

（6）分包单位项目经理、技术负责人、安全员等主要管理人员资格应符合相关要求，持证上岗，进场前须接受总包单位安全教育培训。

（7）总包单位应按照要求对分包队伍开展安全教育，对劳务作业进行安全管理，定期或不定期对分包进行安全检查，并对其进行考核。

（8）施工单位应按规定与机械设备、施工机具及配件的出租单位签订合同，合同中应规定产品技术性能与质量安全要求。

（9）施工单位应按法律法规规定，保障劳务人员工资支付，严禁拖欠劳务工资。

2.4.2 管理制度

1. 相关制度

（1）施工单位应建立安全生产责任制，明确所有部门及岗位的安全职责。

（2）应制定安全生产管理目标，建立安全考核制度，明确各岗位的安全考核标准，定期开展考核。

（3）建立健全安全生产管理制度，包括但不限于：安全防护与职业卫生用品管理制度、消防安全责任制度、安全文明施工措施费用管理制度、分包管理制度、生产安全事故隐患排查治理制度、专项施工方案报审制度、安全教育培训制度、技术交底制度、班前安全活动制度、施工现场带班制度、隐蔽工程验收与中间验收制度、安全检查制度、事故报告与调查处理制度等，内容应满足工程安全生产管理需要，符合相关法律、法规、规章、规范性文件的规定。

（4）建立安全会议制度，定期组织召开安全生产会（日碰头会、班前会、安全生产周例会、安全生产专题会、年度安全生产总结会等）。

2. 费用管理

（1）应建立项目安全文明施工措施费用管理制度，编制项目安全生产措施费的使用计划。

（2）按规定使用安全文明措施费，保证安全费用足额投入，不得低于相关法律法规要求的比例标准。

（3）负责建立项目安全措施费使用台账，做到专款专用。

（4）将工程分包给其他单位的，应在分包合同中明确安全防护、文明施工措施费用，并由总承包单位统一管理。

2.4.3　安全教育与培训

1. 应按照安全教育培训制度制定项目的安全教育培训计划，明确教育培训的类型、对象、时间和内容。

2. 项目主要负责人和安全管理人员，应由主管的负有安全生产监督管理职责的部门对其安全生产知识和管理能力考核合格。安全教育培训的学时应满足相关规定要求。

3. 组织进入新岗位或者新进入施工现场的管理人员和作业人员（含专业分包单位的作业人员），进行安全法律法规、企业安全制度、施工现场安全管理规定及各种安全技术操作规程为主要内容的三级安全教育培训，经考核合格后方可上岗。起重机械租赁单位的作业人员及其他临时入场作业人员应经过安全教育后方可入场作业。

4. 采用新技术、新工艺、新材料或者使用新设备，应了解、掌握其安全技术特性，采取有效的安全防护措施，并对从业人员进行专门的安全生产教育和培训。

5. 应对新职工进行至少 32 学时的安全培训，每年进行至少 20 学时的再培训。

6. 特种作业人员应进行专门的安全作业培训，依法取得特种作业人员操作资格证书，每年还应进行不小于 24 学时的针对性安全教育培训或者继续教育。

7. 可通过仿真模拟培训、体验式培训、建立民工业余学校、举办安全知识讲座、举办安全知识竞赛等方式开展培训，加强作业人员对施工安全的认知。

8. 严格执行班前安全活动制度，根据施工作业环境等因素开展有针对性的班前安全教育，并做好班前安全活动记录。

9. 应对作业人员普及触电、高处坠落或有限空间中毒（窒息）等事故应急救援知识。

10. 应利用实名制信息管理系统，对轨道交通工程项目人员身份信息、居住信息、劳动关系、工资发放、考勤信息、工作经历、良好行为及不良行为、执业证书、安全培训证书等基本信息进行采集，建立现场人员的信息档案，对轨道交通工程项目人员进行组织化、信息化管理。

2.4.4　施工组织设计与专项施工方案

1. 编制与审批

（1）施工图设计文件应经审查合格后，方可用于现场施工。

（2）施工组织设计编制前，应仔细、全面地熟悉施工图设计文件，核实文件与现场实际情况是否相符。

（3）施工组织设计应由项目负责人主持编制，经监理单位审批后方可实施，可根据需要分阶段编制和审批。

（4）施工组织设计及专项方案内部审核、审批流程：

1）施工组织总设计应由总承包单位技术负责人审批；单位工程施工组织设计应由施工单位技术负责人或技术负责人授权的技术人员审批；施工方案应由项目技术负责人审批；重点、难点分部（分项）工程和专项工程施工方案应由施工单位技术部门组织相关专家评审，施工单位技术负责人批准。

2）由专业承包单位施工的分部（分项）工程或专项工程的施工方案，应由专业承包单位技术负责人或技术负责人授权的技术人员审批；有总承包单位时，应由总承包单位项目技术负责人核准备案。

3）对达到一定规模的危险性较大的分部（分项）工程，如基坑支护与降水工程、土方开挖工程、模板工程、起重吊装过程、脚手架工程、拆除爆破工程、国务院建设行政主管部门或者其他有关部门规定的其他危险性较大的工程，应编制专项施工方案，并附具安全验算结果，经施工单位技术负责人审核签字、加盖单位公章，并由总监理工程师审查签字、加盖执业印章，且通过专家论证会后实施。

（5）规模较大的分部（分项）工程和专项工程的施工方案应按单位工程施工组织设计进行编制和审批。

2. 内容要求

（1）施工组织设计应包括编制依据、工程概况、施工部署、施工进度计划、施工准备与资源配置计划、主要施工方法、施工现场平面布置及主要施工管理计划等基本内容。

（2）施工组织设计应落实保障施工安全的设计措施，并根据工程特点、施工工艺、周边环境等制定具有针对性的安全技术措施。

（3）施工组织设计的施工进度计划应合理，不得盲目压缩工期。

（4）施工组织设计中对拟采用的新技术、新工艺、新材料、新设备，应进行技术论证，论证通过后方可使用，不得使用国家明令淘汰或禁止使用的工艺、产品。

（5）当工程条件发生变化，如设计有重大修改，有关法律、法规、规范和标准实施、修订和废止，主要施工方法有重大变化，施工环境有重大改变等情况，不能指导施工时，应及时修改施工组织设计或对其进行补充。

（6）应与施工组织设计同步编制现场标准化实施方案，并按方案落实到位。

2.4.5 现场施工

1. 图纸会审

（1）施工单位施工图纸应由监理单位发放，施工单位在领取施工图纸时应记录清楚领取图纸名称、图号、份数、领取单位、领取时间及领取人签字。

（2）图纸会审前应核对现场，研读图纸，提出图纸问题，交监理整理会审意见。

（3）项目经理、项目副经理、项目总工程师及各个专业技术负责人应参加图纸会审。

2. 安全技术交底

（1）施工单位应执行安全技术交底制度和安全技术操作规程，操作规程应挂设在作业场所显著位置。

（2）项目技术人员（专项施工方案编制人员）应就有关施工方案安全要求对现场管理人员、施工班组、作业人员进行全面、针对性交底，专职安全生产管理人员负责对交底活动进行监督。

（3）应及时组织安全技术交底，安全技术交底内容具有针对性、指导性和可操作性，交底双方应书面签字确认。

（4）施工条件（包括外部环境、作业流程、工艺等）发生变化时，应重新进行交底。

3. 协调管理

（1）施工单位应与在同一场所作业的其他施工单位签订施工安全管理协议，明确双方专职安全管理人员和相关管理责任和措施。

（2）根据工程进展，配合建设单位组织的场地及设施交接工作，交接前完成施工任务，按期移交，并与接收单位签订移交协议，明确各方职责。

4. 现场作业标识

（1）施工现场应设置主要风险公示牌，告知主要安全风险、可能引发事故类别、管控措施、应急措施及报告方式等内容。

（2）有较大危险因素的设施、设备、场所应设置明显标识、警戒围栏或安全引导语等安全警示标志，在隐患没能及时整改的场所应设置隐患告知牌。

（3）进行高处作业、有限空间作业、设备调试等危险作业时，应设明显标识、正确显示工作状态。

5. 作业管理

（1）应建立工程重要部位、环节施工前条件核查制度（包括进入有限空间、压力/高压设备调试区域的安全许可制度），并规定对工程重要部位和环节进行安全条件核查。进入有限空间、压力/高压设备调试区域作业，应严格实行作业审批制度，办理安全许可后方可施工。

（2）施工单位应制定防范违章操作、误操作的控制措施并组织落实。

（3）现场安全防护、消防设施安全标准应满足第三章相关规定，并进行验收。

（4）危险性较大分部分项工程施工时，应安排专职安全管理人员现场监督。

（5）作业人员应遵守安全施工的强制性标准、规章制度和操作规程，正确使用安全防护用具、机械设备等，禁止违规作业，杜绝违章指挥。

（6）工程（临时）停工前应进行风险评估并落实相应措施，复工前须进行安全检查，合格后方可施工。

6. 安全检查

（1）企业负责人或项目负责人应按规定带班检查。项目负责人由于其他事务需离开施工现场时，应委托项目相关负责人负责其外出时的日常工作，并向建设单位请假，经批准后方可离开。

（2）施工单位应定期开展安全检查或安全专项整治，安全检查包括日常安全检查、定期安全检查、季节性安全检查和特定节假日安全检查。安全检查应有组织、有重点、有针对性的进行，并形成安全检查记录，发现问题及时整改、反馈。

（3）对发现的事故隐患应按"五到位"（责任、时限、措施、资金、预案）原则落实整改，并建立隐患治理档案。

（4）施工单位成立由总承包及专业承包单位等组成的项目安全生产标准化自评机构，在项目施工过程中，每月按照《城市轨道交通工程质量安全检查指南》（建质〔2016〕173号）相关要求，开展安全生产管理标准化自评。

2.4.6 工程验收与档案管理

1. 施工单位应建立健全施工质量的检验制度，严格工序管理，作好隐蔽工程的质量检查和记录，隐蔽工程隐蔽前，应先进行自检，自检合格后，报建设单位或监理单位进行隐蔽工程验收。

2. 施工单位应作好工程施工过程中工序质量检验，包括预检、自检、交接检、专职检、分部工程中间检验以及隐蔽工程检验等。

3. 施工单位应组织（子）分部工程自检验收，验收合格后，向监理单位报送（子）分部工程质量验收记录及工程资料，经监理单位确认符合（子）分部工程验收条件后，参加由监理单位组织的（子）分部工程验收。

4. 工程完工后，施工单位应向建设单位提供完整的竣工资料和竣工验收报告，提请建设单位组织竣工验收，并按照《建设工程质量管理条例》的规定，提交相关档案及资料。

5. 应建立员工教育培训档案、安全防护与职业卫生用品管理档案、安全检查档案、危大工程安全管理档案、隐患治理档案、事故管理档案等工程项目全过程资料，资料应齐全、完整，内容真实。

6. 应将专项施工方案及审核、专家论证、交底、现场检查、验收及整改等相关资料纳入档案管理。

7. 应建立完善资料管理制度，资料由专人管理，管理人员应经过专门培训。

8. 应建立施工风险管理档案，包括施工准备期风险分析与评估、工程施工主要风险分析评估及现场风险记录、工程重大风险规避措施及事故预案、车辆及机电系统安装与调试及试运行的风险评估及故障处理记录、其他现场施工风险事故记录、处置措施及责任人员信息等内容。

2.5　监理单位

2.5.1　资质资格与管理体系

1. 监理单位从事城市轨道交通工程监理业务，应具备相应资质，不得转让所承担的监理业务。

2. 工程监理单位实施监理时，应在施工现场派驻项目监理机构。项目监理机构的组织形式和规模，符合建设工程监理合同约定。

3. 项目监理机构的监理人员应由总监理工程师、专业监理工程师和监理员组成，且专业配套（应该配备专职安全监理工程师）、数量应满足建设工程监理工作需要及监理合同约定。

4. 工程监理单位在建设工程监理合同签订后，应及时将项目监理机构的组织形式、人员构成及对总监理工程师的任命书面通知建设单位。

5. 项目总监理工程师原则上在一个工程项目任职，如确需在其他项目兼任的，应当征得建设单位书面同意。工程监理单位调换总监理工程师时，应征得建设单位书面同意。

6. 调换专业监理工程师时，相关手续应符合合同约定并书面通知建设单位。调换的监理人员资格不得低于更换前的人员资格等级。

2.5.2　管理制度

1. 监理单位对工程项目的安全承担监理责任。建设工程监理实行总监理工程师负责制。

2. 项目总监理工程师应对所承担工程项目的安全监理工作负责，建立安全监理制度包括但不限于：监理例会制度，施工组织设计、专项施工方案审批制度，施工现场安全检查、巡视制度，施工机械验收核查制度，危险性较大工程验收制度，监理报告制度。

3. 监理安全责任制应包括法律、法规、规章、规范性文件规定的安全责任，并逐级签订落实。

4. 项目监理机构应组织开展年度安全教育培训，对受聘于本项目的监理人员开展进场培训与定期培训教育。

5. 项目监理机构应根据《建设工程监理规范》GB/T 50319 在《监理规划》中明确各岗位监理人员的具体职责分工。

6. 项目监理人员应按合同约定到岗履职，并建立考核机制。

2.5.3　监理规划与实施细则

1. 按规定编制监理规划、监理细则，监理规划、监理细则的针对性、操作性应符合要求，且应根据工程、法规标准的变化及时修订。

2. 专业性较强、危险性较大工程、"四新"工程应编制专项监理实施细则（如：临时用电，管线保护，地下连续墙钢筋笼吊装，基坑开挖，降排水，模板及支撑排架，起重吊装及起重机械安装拆卸，脚手架，内支撑（混凝土、钢）拆，盾构机拆，盾构始发、掘进、调头、接收等），实施细则应明确主要危险源、重要（关键）部位/环节及其控制措施。

3. 监理实施细则应包括下列内容：专业工程特点，监理工作流程，监理工作要点，监理工作方法及措施，现场安全管控措施等。

4. 监理规划应包含工程风险重难点分析、预防措施及工程关键节点施工前风险预控措施。

5. 监理规划编审遵循下列程序：总监理工程师组织专业监理工程师编制，总监理工程师审核签字后由监理单位技术负责人审批；监理细则在相应工程开工前由专业监理工程师编制，并报总监理工程师审批。

6. 监理细则应由编制人对现场监理人员及施工单位管理人员进行交底。

2.5.4　监理审查

1. 应审查施工分包单位资格。审查应包括下列内容：企业资质、安全生产许可证、类似工程业绩、管理人员和特种作业人员的资格。

2. 应审查监测单位的资质。

3. 按相关规定、合同约定审查施工总包、分包单位的项目机构与人员配备，特别是安全管理人员的专业、数量应满足需要。审查应持证人员的资格证。

4. 监理人员应在现场审查特种作业人员操作资格证。

5. 应审查施工项目安全管理体系（含应急预案）；审查现场安全生产规章制度的建立和实施情况；审查分包合同、租赁合同的安全管理责任条款。

6. 经审查的制度、合同应符合安全管理规定。

7. 主要监理人员应参加勘察、设计、工程周边环境交底、图纸会审及超过一定规模的危险性较大分部分项工程专项方案专家论证会。

8. 总监理工程师组织审查施工组织设计的安全技术措施、危险性较大分部分项工程专项方案、工程周边环境专项保护方案、监测方案，以及施工用电方案、应急预案、风险评估报告、爆破方案等。

9. 应根据安全质量强制性标准对审查的方案作出明确、具体的审查结论。

10. 按规定对保障工程安全所需的安全防护措施费使用计划进行审查；对拨付情况进行检查，并审核上述费用的使用情况。

11. 重点审查危大工程施工技术措施费以及相应的安全防护文明施工措施费的使用

情况。

2.5.5 现场管理

1. 应定期或不定期的组织安全生产检查。总监理工程师按规定现场带班检查。

2. 参加建设单位组织的设计交底及图纸会审会议，会议前研读设计图纸，提出图纸问题，并督促施工单位识图、审图、整理会审意见、交勘察或设计单位签字确认。

3. 编制人应根据经审核批准的监理规划和监理实施细则对监理人员进行交底，明确巡视检查要点、频率及采用的巡视检查记录表，合理安排监理人员按规定开展安全生产日常巡视和检查。巡视检查的内容应符合有关规定，并在监理日志中真实、全面记录。

4. 对危大工程施工应实施专项巡视检查，并在监理日志中真实、全面记录。

5. 监理人员应定期检查施工单位应急救援物资设备的配备情况。若发现缺失或数量不足，应书面通知施工单位及时补充。

6. 工作内容包括：

（1）检查施工单位管理人员、作业人员是否按方案到岗，特殊工种应持证上岗；

（2）检查施工单位是否已经按施工方案进行交底；

（3）检查施工机械设备是否按方案要求到位，运转是否良好；

（4）检查材料物资准备情况（包括应急物资）；

（5）检查施工作业环境是否符合要求；

（6）监理人员发现违规、违章行为时，应及时制止，督促纠正。

7. 应核查施工起重机械的安全许可验收手续及其检测报告，对施工起重机械安装、拆卸前的告知、安装使用的备案登记等情况进行查验。

8. 监理人员按规定对大型设备（如盾构机、起重机械、架桥机、三轴搅拌桩机等）的现场安装、调试进行监理、参加验收，并在验收记录上签署意见。

9. 测量监理工程师应参加监测点的验收，检查初始值的获取。

10. 监理单位应定期检查施工监测点、测量控制桩的布置和保护情况；比对、分析施工监测和第三方监测数据及巡视信息。发现异常时，及时向建设、施工单位反馈，并督促施工单位采取应对措施。

11. 检查验收施工现场安全防护设施。监理单位受建设单位委托，依据相关制度规定和标准规范组织开展关键节点施工前条件核查，通过核查方可进行关键节点施工。

2.5.6 协调管理

1. 应定期召开监理例会，根据工程需要，不定期主持或参加专题会议，协调解决施工过程中的安全问题。

2. 按合同约定对所监理的两个以上在同一区域作业的施工单位的安全管理进行协调。两个以上单位在同一区域作业，应签订安全管理协议，明确双方责任，并督促落实。

2.5.7 工程验收与档案管理

1. 应组织分部分项工程验收，对涉及结构安全的重要分部应在验收前，按规定进行抽样检验。

2. 建立工程项目全过程的安全监理资料档案，资料齐全、内容真实，资料相关确认完整。

3. 按规定建立危大工程安全管理档案。

4. 应建立完善监理文件资料管理制度，档案应由专人管理，管理人员应经专门培训。

5. 及时向建设单位报送监理报表。

6. 检查施工单位施工验收档案。

第 4 节　园林绿化工程建设管理规定

住房城乡建设部印发《园林绿化工程建设管理规定》的通知

建城〔2017〕251 号

各省、自治区住房城乡建设厅，北京市园林绿化局，天津市市容和园林管理委员会，上海市绿化和市容管理局，重庆市城市管理委员会，海南省规划委员会，新疆生产建设兵团建设局，中央军委后勤保障部军事设施建设局：

现将《园林绿化工程建设管理规定》印发给你们，请遵照执行。执行中有何问题和建议，请及时反馈我部城市建设司。

附件：园林绿化工程建设管理规定

中华人民共和国住房和城乡建设部
2017 年 12 月 20 日

园林绿化工程建设管理规定

第一条　为贯彻落实国务院推进简政放权、放管结合、优化服务改革要求，做好城市园林绿化企业资质核准取消后市场管理工作，加强园林绿化工程建设事中事后监管，制定本规定。

第二条　园林绿化工程是指新建、改建、扩建公园绿地、防护绿地、广场用地、附属绿地、区域绿地，以及对城市生态和景观影响较大建设项目的配套绿化，主要包括园林绿化植物栽植、地形整理、园林设备安装及建筑面积 300 平方米以下单层配套建筑、小品、花坛、园路、水系、驳岸、喷泉、假山、雕塑、绿地广场、园林景观桥梁等施工。

第三条　园林绿化工程的施工企业应具备与从事工程建设活动相匹配的专业技术管理人员、技术工人、资金、设备等条件，并遵守工程建设相关法律法规。

第四条　园林绿化工程施工实行项目负责人负责制，项目负责人应具备相应的现场管理工作经历和专业技术能力。

第五条　综合性公园及专类公园建设改造工程、古树名木保护工程以及含有高堆土（高度 5 米以上）、假山（高度 3 米以上）等技术较复杂内容的园林绿化工程招标时，可以要求投标人及其项目负责人具备工程业绩。

第六条　园林绿化工程招标文件中应明确以下内容：

（一）投标人应具有与园林绿化工程项目相匹配的履约能力；

（二）投标人及其项目负责人应具有良好的园林绿化行业从业信用记录；

（三）资格审查委员会、评标委员会中园林专业专家人数不少于委员会专家人数的 1/3；

（四）法律法规规定的其他要求。

第七条 各级住房城乡建设（园林绿化）主管部门、招标人不得将具备住房城乡建设部门核发的原城市园林绿化企业资质或市政公用工程施工总承包资质等作为投标人资格条件。

第八条 投标人及其项目负责人应公开信用承诺，接受社会监督，信用承诺履行情况纳入园林绿化市场主体信用记录，作为事中事后监管的重要参考。

鼓励园林绿化工程施工企业以银行或担保公司保函的形式提供履约担保，或购买工程履约保证保险。

第九条 城镇园林绿化主管部门应当加强对本行政区内园林绿化工程质量安全监督管理，重点对以下内容进行监管：

（一）苗木、种植土、置石等园林工程材料的质量情况；

（二）亭、台、廊、榭等园林构筑物主体结构安全和工程质量情况；

（三）地形整理、假山建造、树穴开挖、苗木吊装、高空修剪等施工关键环节质量安全管理情况。

园林绿化工程质量安全监督管理可由城镇园林绿化主管部门委托园林绿化工程质量安全监督机构具体实施。

第十条 园林绿化工程竣工验收应通知项目所在地城镇园林绿化主管部门，城镇园林绿化主管部门或其委托的质量安全监督机构应按照有关规定监督工程竣工验收，出具《工程质量监督报告》，并纳入园林绿化市场主体信用记录。

第十一条 园林绿化工程施工合同中应约定施工保修养护期，一般不少于1年。保修养护期满，城镇园林绿化主管部门应监督做好工程移交，及时进行工程质量综合评价，评价结果应纳入园林绿化市场主体信用记录。

第十二条 住房城乡建设部负责指导和监督全国园林绿化工程建设管理工作，制定园林绿化市场信用信息管理规定，建立园林绿化市场信用信息管理系统。

第十三条 省级住房城乡建设（园林绿化）主管部门负责指导和监督本行政区域内园林绿化工程建设管理工作，制定园林绿化工程建设管理和信用信息管理制度，并组织实施。

第十四条 城镇园林绿化主管部门应加强本行政区域内园林绿化工程建设的事中事后监管，建立工程质量安全和诚信行为动态监管体制，负责园林绿化市场信用信息的归集、认定、公开、评价和使用等相关工作。

园林绿化市场信用信息系统中的市场主体信用记录，应作为投标人资格审查和评标的重要参考。

第十五条 本规定自发布之日起施行。

第2章 新标准、新规范

第1节 新颁布或新更新的标准、规范清单

近几年新颁布或新更新的和市政施工员工作相关的标准、规范汇总见表2-1。

新颁布或新更新的标准、规范汇总表 表2-1

序号	标准、规范和规程代码	名 称
1	GB 50422—2017	预应力混凝土路面工程技术规范
2	GB/T 50308—2017	城市轨道交通工程测量规范
3	GB 50446—2017	盾构法隧道施工及验收规范
4	GB 50334—2017	城镇污水处理厂工程质量验收规范
5	GB/T 50326—2017	建设工程项目管理规范
6	GB/T 50358—2017	建设项目工程总承包管理规范
7	GB/T 51235—2017	建筑信息模型施工应用标准
8	GB/T 51269—2017	建筑信息模型分类和编码标准
9	GB 51286—2018	城市道路工程技术规范
10	GB 50496—2018	大体积混凝土施工标准
11	GB 50202—2018	建筑地基工程施工质量验收标准
12	GB/T 51310—2018	地下铁道工程施工标准
13	GB/T 50299—2018	地下铁道工程施工质量验收标准
14	GB/T 51293—2018	城市轨道交通给水排水系统技术标准
15	GB/T 50081—2019	混凝土物理力学性能试验方法标准
16	GB/T 51354—2019	城市地下综合管廊运行维护及安全技术标准
17	GB/T 51351—2019	建筑边坡工程施工质量验收标准
18	GB 50205—2020	钢结构工程施工质量验收标准
19	JGJ/T 403—2017	建筑基桩自平衡静载试验技术规程
20	JGJ/T 411—2017	冲击回波法检测混凝土缺陷技术规程
21	JGJ/T 396—2018	咬合式排桩技术标准
22	CJJ 99—2017	城市桥梁养护技术标准
23	CJJ 63—2018	聚乙烯燃气管道工程技术标准
24	CJJ/T 275—2018	市政工程施工安全检查标准
25	CJJ/T 279—2018	城镇桥梁沥青混凝土桥面铺装施工技术标准
26	CJJ/T 281—2018	桥梁悬臂浇筑施工技术标准
27	CJJ/T 287—2018	园林绿化养护标准

续表

序号	标准、规范和规程代码	名　　称
28	CJJ/T 293—2019	城市轨道交通预应力混凝土节段预制桥梁技术标准
29	CJJ/T 290—2019	城市轨道交通桥梁工程施工及验收标准
30	CJJ/T 74—2020	城镇地道桥顶进施工及验收标准
31		城市轨道交通工程 BIM 应用指南
32		城市轨道交通工程土建施工质量标准化管理技术指南
33	JTG 5210—2018	公路技术状况评定标准
34	JTG/T 3610—2019	公路路基施工技术规范
35	JTG 5150—2020	公路路基养护技术规范
36	JTG 5220—2020	公路养护工程质量检验评定标准　第一册　土建工程
37	JTG/T 3650—2020	公路桥涵施工技术规范

第 2 节　《钢结构工程施工质量验收标准》GB 50205—2020（节选）

住房和城乡建设部关于发布国家标准《钢结构工程施工质量验收标准》的公告

中华人民共和国住房和城乡建设部公告 2020 年第 48 号

现批准《钢结构工程施工质量验收标准》为国家标准，编号为 GB 50205—2020，自 2020 年 8 月 1 日起实施。其中，第 4.2.1、4.3.1、4.4.1、4.5.1、4.6.1、4.7.1、5.2.4、6.3.1、8.2.1、11.4.1、13.2.3、13.4.3 条为强制性条文，必须严格执行。原《钢结构工程施工质量验收规范》GB 50205—2001 同时废止。

本标准在住房和城乡建设部门户网站（www.mohurd.gov.cn）公开，并由住房和城乡建设部标准定额研究所组织中国计划出版社出版发行。

中华人民共和国住房和城乡建设部
2020 年 1 月 16 日

2.2.1　修订的主要内容

本次修订的主要技术内容是：1. 调整了章节安排；2. 将单层钢结构安装工程和多层及高层钢结构安装工程合并为单层、多高层钢结构安装工程；3. 将钢网架结构安装工程调整为空间结构安装工程，增加了钢管桁架结构内容；4. 增加了预应力钢索和膜结构工程内容；5. 增加了钢结构钢材进场验收见证检测方法；6. 增加了装配式金属屋面系统抗风压、风吸性能检测的内容和方法，对钢结构金属屋面系统安全性能进行检测和验收；7. 增加了油漆类防腐涂装工艺评定的内容和方法，强化钢结构涂装事故质量的控制和验收；8. 增加了钢结构工程计量基本原则及方法，完善了钢结构工程竣工验收方面的内容；9. 将钢材进入加工现场时分别按钢板、型钢、铸钢件、钢棒、钢索进行验收，将膜结构材料纳入进场验收内容；10. 将有关允许偏差项目表格改入条文中；11. 在钢零件及钢部件加工分部分项工程中完善了冷成型和热成型加工的最小曲率半径及铸钢节点加工等；12. 在钢构件组装分部分项工程中增加并完善了部件拼接等内容，将工厂拼料环节纳入质量控制和验收中；13. 将钢结构安装分项工程按照基础、柱、梁及桁架、节点、支撑次序进行排列，增加了钢板剪力墙；14. 完善了压型金属板分项工程的节点构造和屋面系统；15. 钢结构在涂装分项工程中强化了钢材表面处理和涂装工艺评定的内容；16. 在钢结构分部工程竣工验收中，修改了有关安全及功能的检验和见证检测项目，增加了钢结构工程量计量原则和方法。

2.2.2 本规范主要章节内容

1. 总则
2. 术语和符号
3. 基本原则
4. 原材料及成品验收
5. 焊接工程
6. 紧固件连接工程
7. 钢零件及钢部件加工
8. 钢构件组装工程
9. 钢构件预拼装工程
10. 单层、多高层钢结构安装工程
11. 空间结构安装工程
12. 压型金属板工程
13. 涂装工程
14. 钢结构分部工程竣工验收

附录 A　钢材复验检测项目与检测方法
附录 B　紧固件连接工程检测项目
附录 C　金属屋面系统抗风揭性能检测方法
附录 D　防腐涂装工艺评定
附录 E　厚涂型防火涂料涂层厚度测定方法
附录 F　钢结构工程有关安全及功能的检验和见证检测项目
附录 G　钢结构工程有关观感质量检查项目
附录 H　钢结构分项工程检验批质量验收记录表
附录 J　钢结构工程计量方法

2.2.3 本规范强制性条文

4.2.1　钢板的品种、规格、性能应符合国家现行标准的规定并满足设计要求。钢板进场时，应按国家现行标准的规定抽取试件且应进行屈服强度、抗拉强度、伸长率和厚度偏差检验，检验结果应符合国家现行标准的规定。

检查数量：质量证明文件全数检查；抽样数量按进场批次和产品的抽样检验方案确定。

检验方法：检查质量证明文件和抽样检验报告。

4.3.1 型材和管材的品种、规格、性能应符合国家现行标准的规定并满足设计要求。型材和管材进场时，应按照国家现行标准的规定抽取试件且应进行屈服强度、抗拉强度、伸长率和厚度偏差检验，检验结果应符合国家现行标准的规定。

检查数量：质量证明文件全数检查；抽样数量按进场批次和产品的抽样检验方案确定。

检验方法：检查质量证明文件和抽样检验报告。

4.4.1 铸钢件的品种、规格、性能应符合国家现行标准的规定并满足设计要求。铸钢件进场时，应按照国家现行标准的规定抽取试件且应进行屈服强度、抗拉强度、伸长率和端口尺寸偏差检验，检验结果应符合国家现行标准的规定。

检查数量：质量证明文件全数检查；抽样数量按进场批次和产品的抽样检验方案确定。

检验方法：检查质量证明文件和抽样检验报告。

4.5.1 拉索、拉杆和锚具的品种、规格、性能应符合国家现行标准的规定并满足设计要求。拉索、拉杆和锚具进场时，应按照国家现行标准的规定抽取试件且应进行屈服强度、抗拉强度、伸长率和尺寸偏差检验，检验结果应符合国家现行标准的规定。

检查数量：质量证明文件全数检查；抽样数量按进场批次和产品的抽样检验方案确定。

检验方法：检查质量证明文件和抽样检验报告。

4.6.1 焊接材料的品种、规格、性能应符合国家现行标准的规定并满足设计要求。焊接材料进场时，应按国家现行标准的规定抽取试件且应进行化学成分和力学性能检验，检验结果应符合国家现行标准的规定。

检查数量：质量证明文件全数检查；抽样数量按进场批次和产品的抽样检验方案确定。

检验方法：检查质量证明文件和抽样检验报告。

4.7.1 钢结构连接用高强度螺栓连接副的品种、规格、性能应符合国家现行标准的规定并满足设计要求。高强度大六角头螺栓连接副应随箱带有扭矩系数检验报告，扭剪型高强度螺栓连接副应随箱带有紧固轴力（预应力）检验报告。高强度大六角头螺栓连接副和扭剪型高强度螺栓连接副进场时，应按照国家现行标准的规定抽取试件且应分别进行扭矩系数和紧固轴力（预应力）检验，检验结果应符合国家现行标准的规定。

检查数量：质量证明文件全数检查；抽样数量按进场批次和产品的抽样检验方案确定。

检验方法：检查质量证明文件和抽样检验报告。

5.2.4 设计要求的一、二级焊缝应进行内部缺陷的无损检测，一、二级焊缝的质量等级和检测要求应符合表2-2的规定。

检查数量：全数检查。

检验方法：检查超声波或射线探伤记录。

一、二级焊缝质量等级及无损检测要求　　　　　表 2-2

焊缝质量等级		一级	二级
内部缺陷超声波探伤	缺陷评定等级	Ⅱ	Ⅲ
	检验等级	B 级	B 级
	检测比例	100%	20%
内部缺陷射线探伤	缺陷评定等级	Ⅱ	Ⅲ
	检验等级	B 级	B 级
	检测比例	100%	20%

注：二级焊缝检测比例的计数方法应按以下原则确定：工厂制作焊缝按照焊缝长度计算百分比，且探伤长度不小于 200mm；当焊缝长度小于 200mm 时，应对整条焊缝探伤；现场安装焊缝应按照同一类型、同一施焊条件的焊缝条数计算百分比，且不应少于 3 条焊缝。

6.3.1　钢结构制作和安装单位应分别进行高强度螺栓连接摩擦面（含涂层摩擦面）的抗滑移系数试验和复检，现场处理的构件摩擦面应单独进行摩擦面抗滑移系数试验，其结果应满足设计要求。

检查数量：按本标准附录 B 执行。

检验方法：检查摩擦面抗滑移系数试验报告及复检报告。

8.2.1　钢材、钢部件拼接或对接时所采用的焊缝质量等级应满足设计要求。当设计无要求时，应采用质量等级不低于二级的熔透焊缝，对直接承受拉力的焊缝，应采用一级熔透焊缝。

检查数量：全数检查。

检测方法：检查超声波探伤报告。

11.4.1　钢管（闭口截面）构件应有预防管内进水、存水的构造措施，严禁钢管内存水。

检查数量：全数检查。

检验方法：观察检查。

13.2.3　防腐涂料、涂层遍数、涂装间隔、涂层厚度均应满足设计文件、涂料产品标准的要求。当设计对涂层厚度无要求时，涂层干膜总厚度：室外不应小于 $150\mu m$，室内不应小于 $125\mu m$。

检查数量：按照构件数抽查 10%，且同类构件不应少于 3 件。

检验方法：用干漆膜测厚仪检查。每个构件检测 5 处，每处的数值为 3 个相距 50mm 测点涂层干漆膜厚度的平均值。漆膜厚度的允许偏差应为 $-25\mu m$。

13.4.3　膨胀型（超薄型、薄涂型）防火涂料、厚涂型防火涂料的涂层厚度及隔热性能应满足国家现行标准有关耐火极限的要求，且不应小于 $-200\mu m$。当采用厚涂型防火涂料涂装时，80% 及以上涂层面积应满足国家现行标准有关耐火极限的要求，且最薄处厚度不应低于设计要求的 85%。

检查数量：按照构件数抽查 10%，且同类构件不应少于 3 件。

检验方法：膨胀型（超薄型、薄涂型）防火涂料采用涂层厚度测量仪，涂层厚度允许偏差为 -5%。厚涂型防火涂料的涂层厚度采用本标准附录 E 的方法检测。

第3节　桥梁及结构工程新规范、规程和标准

2.3.1　《建筑地基基础工程施工质量验收标准》GB 50202—2018（节选）

《建筑地基基础工程施工质量验收标准》为国家标准，编号为 GB 50202—2018，自 2018 年 10 月 1 日起实施。其中，第 5.1.3 条为强制性条文，必须严格执行。原《建筑地基基础工程施工质量验收规范》GB 50202—2002 同时废止。

1. 本标准主要内容

本标准主要内容：（1）总则；（2）术语；（3）基本规定；（4）地基工程（一般规定、素土和灰土地基、砂和砂石地基、土工合成材料地基、粉煤灰地基、强夯地基、注浆地基、预压地基、砂石桩复合地基、高压喷射注浆复合地基、水泥土搅拌桩复合地基、土和灰土挤密桩复合地基、水泥粉煤灰碎石桩复合地基、夯实水泥土桩复合地基）；（5）基础工程（一般规定、无筋扩展基础、钢筋混凝土扩展基础、筏形与箱形基础、钢筋混凝土预制桩、泥浆护壁成孔灌注桩、干作业成孔灌注桩、长螺旋钻孔压灌桩、沉管灌注桩、钢桩、锚杆静压桩、岩石锚杆基础、沉井与沉箱）；（6）特殊土地基基础工程（一般规定、湿陷性黄土、冻土、膨胀土、盐渍土）；（7）基坑支护工程（一般规定、排桩、板桩围护墙、咬合桩围护墙、型钢水泥土搅拌墙、土钉墙、地下连续墙、重力式水泥土墙、土体加固、内支撑、锚杆、与主体结构相结合的基坑支护）；（8）地下水控制（一般规定、降排水、回灌）；（9）土石方工程（一般规定、土方开挖、岩质基坑开挖、土石方堆放与运输、土石方回填）；（10）边坡工程（一般规定、喷锚支护、挡土墙、边坡开挖）。

2. 本标准强制性条文

5.1.3　灌注桩混凝土强度检验的试件应在施工现场随机抽取。来自同一搅拌站的混凝土，每浇筑 50m³ 必须至少留置 1 组试件；当混凝土浇筑量不足 50m³ 时，每连续浇筑 12h 必须至少留置 1 组试件。对单柱单桩，每根桩应至少留置 1 组试件。

3. 本标准相关条款

1.0.2　本标准适用于建筑地基基础工程施工质量的验收。

1.0.3　建筑地基基础工程施工质量验收除应符合本标准外，尚应符合国家现行有关标准的规定。

3.0.2　地基基础工程验收时应提交下列资料：

（1）岩土工程勘察报告；

（2）设计文件、图纸会审记录和技术交底资料；

（3）工程测量、定位放线记录；

（4）施工组织设计及专项施工方案；

（5）施工记录及施工单位自查评定报告；

（6）监测资料；

（7）隐蔽工程验收资料；

（8）检测与检验报告；

（9）竣工图。

3.0.4　地基基础工程必须进行验槽，验槽检验要点应符合本标准附录 A 的规定。

3.0.5　主控项目的质量检验结果必须全部符合检验标准，一般项目的验收合格率不得低于 80%。

3.0.6　检查数量应按检验批抽样，当本标准有具体规定时，应按相应条款执行，无规定时应按检验批抽检。检验批的划分和检验批抽检数量可按照现行国家标准《建筑工程施工质量验收统一标准》GB 50300 的规定执行。

3.0.7　地基基础标准试件强度评定不满足要求或对试件的代表性有怀疑时，应对实体进行强度检测，当检测结果符合设计要求时，可按合格验收。

3.0.8　原材料的质量检验应符合下列规定：

（1）钢筋、混凝土等原材料的质量检验应符合设计要求和现行国家标准《混凝土结构工程施工质量验收规范》GB 50204 的规定；

（2）钢材、焊接材料和连接件等原材料及成品的进场、焊接或连接检测应符合设计要求和现行国家标准《钢结构工程施工质量验收标准》GB 50205 的规定；

（3）砂、石子、水泥、石灰、粉煤灰、矿（钢）渣粉等掺合料、外加剂等原材料的质量、检验项目、批量和检验方法，应符合国家现行有关标准的规定。

4　地基工程

4.1　一般规定

4.1.1　地基工程的质量验收宜在施工完成并在间歇期后进行，间歇期应符合国家现行标准的有关规定和设计要求。

4.1.2　平板静载试验采用的压板尺寸应按设计或有关标准确定。素土和灰土地基、砂和砂石地基、土工合成材料地基、粉煤灰地基、注浆地基、预压地基的静载试验的压板面积不宜小于 $1.0 m^2$；强夯地基静载试验的压板面积不宜小于 $2.0 m^2$。复合地基静载试验的压板尺寸应根据设计置换率计算确定。

4.1.3　地基承载力检验时，静载试验最大加载量不应小于设计要求的承载力特征值的 2 倍。

4.1.4　素土和灰土地基、砂和砂石地基、土工合成材料地基、粉煤灰地基、强夯地基、注浆地基、预压地基的承载力必须达到设计要求。地基承载力的检验数量每 $300 m^2$ 不应少于 1 点，超过 $3000 m^2$ 部分每 $500 m^2$ 不应少于 1 点。每单位工程不应少于 3 点。

4.1.5　砂石桩、高压喷射注浆桩、水泥土搅拌桩、土和灰土挤密桩、水泥粉煤灰碎石桩、夯实水泥土桩等复合地基的承载力必须达到设计要求。复合地基承载力的检验数量不应少于总桩数的 0.5%，且不应少于 3 点。有单桩承载力或桩身强度检验要求时，检验数量不应少于总桩数的 0.5%，且不应少于 3 根。

4.1.6　除本标准第 4.1.4 条和第 4.1.5 条指定的项目外，其他项目可按检验批抽样。复合地基中增强体的检验数量不应少于总数的 20%。

4.1.7　地基处理工程的验收，当采用一种检验方法检测结果存在不确定性时，应结合其他检验方法进行综合判断。

2.3.2　《桥梁悬臂浇筑施工技术标准》CJJ/T 281—2018

《桥梁悬臂浇筑施工技术标准》为行业标准，编号为 CJJ/T 281—2018，自 2018 年 10 月 1 日起实施。

本标准内容包括：1. 总则；2. 术语；3. 基本规定；4. 挂篮设计与构造（一般规定、荷载及组合、材料要求、承重系统、锚固悬吊系统、走行系统、模板及作业平台系统）；5. 挂篮制作、安装与拆除（一般规定、挂篮制作、挂篮预拼装、挂篮安装、挂篮拆除）；6. 挂篮使用（一般规定、挂篮检验、荷载试验、挂篮前移、挂篮就位、挂篮维护、改制挂篮的使用）；7. 主梁施工（一般规定、混凝土工程、墩顶梁段施工、悬臂节段施工、边跨现浇段施工、合龙施工）；8. 施工监控（一般规定、实施、控制精度）；9. 质量验收；10. 安全与环境保护。

2.3.3 《大体积混凝土施工标准》GB 50496—2018（节选）

《大体积混凝土施工标准》为国家标准，编号为 GB 50496—2018，自 2018 年 12 月 1 日起实施。其中，第 4.2.2、5.3.1 条为强制性条文，必须严格执行。原国家标准《大体积混凝土施工规范》GB 50496—2009 同时废止。

本标准的强制性条文如下：

> 4.2.2　用于大体积混凝土的水泥进场时应检查水泥品种、代号、强度等级、包装或散装编号、出厂日期等，并应对水泥的强度、安定性、凝结时间、水化热进行检验，检验结果应符合现行国家标准《通用硅酸盐水泥》GB 175 的相关规定。
>
> 5.3.1　大体积混凝土模板和支架应进行承载力、刚度和整体稳固性验算，并应根据大体积混凝土采用的养护方法进行保温构造设计。

2.3.4 《城镇桥梁沥青混凝土桥面铺装施工技术标准》CJJ/T 279—2018（节选）

《城镇桥梁沥青混凝土桥面铺装施工技术标准》为行业标准，编号为 CJJ/T 279—2018，自 2018 年 10 月 1 日起实施。

本标准的主要技术内容是：1. 总则；2. 术语和代号；3. 桥面铺装结构组合；4. 材料；5. 桥面板预处理；6. 环氧沥青混凝土铺装；7. 浇注式沥青混凝土铺装；8. 功能调联层与高黏高弹改性沥青 SMA 组合铺装；9. 其他沥青混凝土桥面铺装；10. 质量检验与验收。

2.3.5 《城市轨道交通预应力混凝土节段预制桥梁技术标准》CJJ/T 293—2019（节选）

本标准内容包括：1. 总则；2. 术语和符号；3. 基本规定；4. 材料；5. 设计；6. 构造；7. 施工；附 3 各附录。

本标准的主要条款如下：

3.0.1　节段预制桥梁荷载、结构刚度限值应符合现行国家标准《城市轨道交通桥梁设计规范》GB/T 51234 的规定。

3.0.2　节段预制桥梁结构设计使用年限应为 100 年。

3.0.3　节段预制桥梁的结构耐久性设计除应符合本标准外，尚应符合现行行业标准《铁路混凝土结构耐久性设计规范》TB 10005 的规定。

3.0.4　节段预制桥梁拼装施工除应符合本标准外，尚应符合现行行业标准《预应力混凝土桥梁预制节段逐跨拼装施工技术规程》CJJ/T 111 规定。

3.0.5　节段预制桥梁可采用逐跨拼装法、悬臂拼装法施工。

4.0.1　节段预制桥梁桥跨结构的混凝土强度等级不得低于 C40。

4.0.2　封锚混凝土应使用补偿收缩高性能细石混凝土，其水胶比不得大于本体混凝土的水胶比，强度不得低于本体混凝土，且宜掺入阻锈剂。

4.0.3　预应力钢绞线应符合现行国家标准《预应力混凝土用钢绞线》GB/T 5224 的规定。

4.0.4　预应力螺纹钢筋应符合现行同家标准《预应力混凝土用螺纹钢筋》GB/T 20065 的规定。

4.0.5　预应力管道应采用金属波纹管、高密度聚乙烯或聚丙烯塑料波纹管、橡胶抽拔管。金属波纹管及塑料波纹管应分别符合现行行业标准《预应力混凝土用金属波纹管》JG/T 225、《预应力混凝土桥梁用塑料波纹管》JT/T 529 的规定。

4.0.6　锚具采用夹片式群锚体系的材质应符合现行同家标准《优质碳素结构钢》GB/T 699 和《合金结构钢》GB/T 3077 的规定，锚固性能应符合现行国家标准《预应力筋用锚具、夹具和连接器》GB/T 14370 的规定。成套锚具的组合件，各套间应能互换使用。

5.1.1　节段预制桥梁结构应按不允许出现拉应力的预应力混凝土构件设计。

5.1.2　节段预制桥梁结构的材料容许应力、结构安全系数和结构计算方法应符合现行行业标准《铁路桥涵混凝土结构设计规范》TB 10092 的规定。

5.1.3　节段预制桥梁主梁挠度和转角可按弹性阶段计算。

5.1.4　桥墩和桥台设计应符合现行行业标准《铁路桥涵混凝土结构设计规范》TB 10092 的规定。

6.1.1　预制节段宜按标准节段、过渡节段、墩顶节段分类。

6.1.2　预制节段纵向尺寸应计入吊装、存放、运输、拼装等因素。

6.1.3　预制节段接缝应符合下列规定：

（1）当采用湿接缝时，节段之间预留宽度不应小于 200mm。且应将非预应力钢筋连接，湿接缝应采用与节段本身等强度的混凝土填实。

（2）当采用胶接缝时，接缝应密闭。

6.2.1　预制节段剪力键应采用多键系统，且应均匀布置。

6.2.2　腹板内的剪力键或剪力槽的横向宽度不宜小于腹板宽度的 75％。

7.1.1　应根据施工设备及工艺，对各施工工况下的桥梁上下部结构的安全性进行验算。

7.1.2　根据节段架设设备及施工工艺，应在下部结构和节段上设置满足精度要求的预埋件与预留孔，且应对预埋件与预留孔采取保护措施。

7.1.3　应制定包含节段预制及架设全过程在内的测量控制方案。

7.1.4　短线法节段预制应根据理论六点坐标，按精密测量要求进行三维线形控制。

7.2.1　节段制造前应核查轨道交通各专业的图纸，且应核实永久结构的预埋件类型及位置。

7.2.2　节段预制场地内应建立导线控制网和水准控制网，应设置测量塔、标靶和固定水准点。测量控制点应远离热源和振动源，并应配备备用的测量控制点。

7.2.3　预制节段的制造宜采用模块化可调节式的钢模板系统。模板设计应符合现行行业标准《建筑工程大模板技术标准》JGJ/T 74 的规定。内模宜采用液压折叠式整体模板。

7.5.1　悬臂拼装法施工中的节段提升、拼接作业、胶接缝、临时预应力、永久预应力施工等应符合本标准第 7.4 节的规定。

7.5.2　在进行悬臂拼装作业时，桥墩两侧的节段应对称提升，且桥墩两侧应平衡受力。

7.5.3　当节段提升、拼接作业采用桥面吊机或桥面提升架时，提升设备与节段的重量比不宜大于 0.4，且提升设备在提升、拼接、行走时的抗倾覆安全系数、自锚固系统的安全系数均不应小于2。

7.6.1　架桥机或其他起重拼装设备应满足施工所需的起重能力、跨越能力、弯桥施工时的偏转能力、架桥机整体和局部的承载能力及稳定性的要求。

7.6.2　拼接施工的架桥机，在安装和调试完成后，应进行荷载试验，并应符合下列规定：

（1）逐跨拼装架桥机应悬挂不小于整跨最大架设重量1.1倍的荷载。

（2）提升单个节段的起吊设备，应分别进行1.25倍设计荷载的静荷试验，且荷载应平稳无冲击地加载。还应进行1.1倍设计荷载的动荷起吊试验。

2.3.6　《城市轨道交通桥梁工程施工及验收标准》CJJ/T 290—2019（节选）

本标准的主要技术内容包括：1. 总则；2. 术语和符号；3. 基本规定；4. 施工准备与施工测量；5. 模板与支架工程；6. 钢筋工程；7. 混凝土工程；8. 预应力工程；9. 装配式混凝土构件预制与运输；10. 基础；11. 墩台；12. 支座；13. 混凝土梁式桥梁；14. 其他类型桥梁；15. 桥面与附属工程；16. 涂装与装饰；17. 质量验收。

第4节　其他规范、规程和标准

2.4.1　《聚乙烯燃气管道工程技术标准》CJJ 63—2018（节选）

《聚乙烯燃气管道工程技术标准》为行业标准，编号为CJJ 63—2018，自2019年3月1日起实施。其中，第1.0.3、7.1.7条为强制性条文，必须严格执行。原《聚乙烯燃气管道工程技术规程》CJJ 63—2008同时废止。

1. 本标准主要内容

（1）总则；（2）术语、符号；（3）材料；（4）管道设计；（5）管道连接；（6）管道敷设；（7）试验与验收；（8）附录。

2. 强制性条文

1.0.3　聚乙烯燃气管道严禁明设。

7.1.7　聚乙烯燃气管道进行强度试验和严密性试验时，必须待强度降至大气压后，方可对所发现的缺陷进行处理，处理合格后应重新进行试验。

2.4.2　《质量管理小组活动准则》T/CAQ 10201—2020（节选）

《质量管理小组活动准则》T/CAQ 10201—2020为中国质量协会团体标准，2020年3月6日发布，2020年6月6日实施。

主要内容包括：

总则

为指导组织员工遵循科学的活动程序，运用质量管理理论和统计方法，有效开展质量管理小组活动，特制定本标准。

质量管理小组是各岗位员工自主参与质量管理、质量改进和创新的有效形式。开展质量管理小组活动是提高员工素质、激发员工积极性和创造性，改进质量、降低消耗、提升组织绩效的有效途径。

基本原则

全员参与、持续改进、遵循PDCA循环、基于客观事实、应用统计方法。

1　范围

本标准规定了质量管理小组活动程序要求。

本标准适用于各类组织员工开展质量管理小组活动。

2　规范性引用文件

3　术语和定义

质量管理小组、活动程序、问题解决型课题、创新性课题。

4　活动程序要求

4.1　问题解决型课题（总则、选择课题、现状调查、设定目标、目标可行性论证、原因分析、确认主要原因、制定对策、对策实施、效果检查、制定巩固措施、总结和下一步打算）。

4.2　创新型课题（总则、选择课题、设定目标及目标可行性分析、提出方案并确定最佳方案、制定对策、对策实施、效果检查、标准化、总结和下一步打算）。

第3章 新材料、新设备

第1节 道路工程新材料

近年来，用于道路建设的新材料、新技术、新设备不断出现在市政工程建设中，如SMA（沥青玛蹄脂碎石混合料）、EPS（聚苯乙烯泡沫板）、DCPET（路用工程纤维）、CE（玻纤格栅）、SBS（改性沥青玄武岩）、CBF（玄武岩纤维）等。

3.1.1 固化粉煤灰

1. 原理分析

粉煤灰中含有大量二氧化硅（SiO_2），三氧化二铝（Al_2O_3）等能反应产生凝胶的活性物质，它们在粉煤灰中以球形玻璃体的形式存在，这种球形玻璃体比较稳定，表面又相当致密，不易水化。水泥粉煤灰早期反应主要是水泥遇水后产生水解与水化反应，水泥水化生成硅酸钙晶体，这些晶体产生部分强度，同时水泥水化生成氢氧化钙通过液相扩散到粉煤灰球形玻璃体表面，发生化学吸附和侵蚀，生成水化硅酸钙与水化铝酸钙。大部分水化产物开始以凝胶体出现，随着凝胶期的增长，逐步转化为纤维状晶体，并随着数量的不断增加，晶体相互交叉，形成连锁结构，填充混合物的孔隙，形成较高的强度，随着粉煤灰活性的不断调动，使水泥粉煤灰不仅有较高的早期强度，而且其后期强度也有较大提高。

2. 固化—粉煤灰基层混合料强度形成机理

目前交通建设工地上经常采用水泥、石灰作为基层的无机胶结料，从而形成了水泥稳定碎石基层、石灰粉煤灰稳定碎石基层，水泥粉煤灰碎石基层三个典型代表，这三大类无机结合料的强度形成理论机理分别为：

（1）水泥稳定碎石基层：水泥矿物与混合料中的水分产生强烈的水解和水化反应，同时分解出氢氧化钙（$Ca(OH)_2$）并形成其他水化物，以及水泥石在碱介质中析出、结晶、硬化。

（2）石灰粉煤灰稳定碎石基层：石灰中$Ca(OH)_2$与粉煤灰中活性的Al_2O_3、SiO_2反应生成含水的铝硅酸钙。

（3）水泥粉煤灰碎石基层：水泥矿物与混合料中水分产生的$Ca(OH)_2$与粉煤灰中活性的Al_2O_3、SiO_2反应，形成铝硅酸钙。根据三类混合料的特性，以早期强度要求高，收缩裂缝少，施工容易，成本低为目的，进行配合比室内试验。

3. 固化粉煤灰特性和优点

（1）固化粉煤灰具有轻质、半刚性的特性，且软化系数较高，具有良好的耐久性、稳定性和整体性能，浇注后强度稳定增长，尤其中、后期强度较高，对于工程是有益的。

（2）固化粉煤灰由于和易性好，施工方便，它对于工程中不规则形状的沟槽，用其固化粉煤灰早期的流动性及可振捣性，有效地解决了因无法碾压、夯实而引起的沉降变形，在管线沟槽回填中具有显著的优势。

（3）固化粉煤灰不但可作为软弱地基硬壳层，亦可作为刚性整板基础用于建筑物地基基础，或作软弱地基处理、加固、换土回填材料，有良好的工程适用性。

（4）从环境保护的角度来说，电厂原有的废弃物（粉煤灰），不仅占用大量的农田等土地资源，而且耗费物力、财力；而城市道路、公路桥梁、房屋基础等工程的施工，需要大量的土资源，过度开发土资源会破坏生态环境。固化粉煤灰技术的应用，不仅能大大提高粉煤灰的用量，还能节约使用现有的山体和黏土资源，这是变废为宝，利国利民的大事。因此，固化粉煤灰研究开发可替代黏土资源的道路建材有良好的发展前景。

固化剂是一种和水泥一样的粉状物，常用的为 50 kg 袋装，大量的为散装，固化剂是专门针对粉煤灰的使用而研发的新型材料，只有和粉煤灰一起才能发挥其最佳效果。

4. 固化粉煤灰在桥台台背回填施工中的应用

（1）施工前准备工作

1）严把原材料进场关：

①粉煤灰：粉煤灰的品质指标应符合二氧化硅、三氧化二铝含量不小于 75%；烧失量不大于 15%；二氧化硅含量不大于 3%。

②外加剂：外加剂的指标应符合抗压强度，$f_{7d} \geqslant 0.5$MPa；细度（0.9mm 筛余）$\leqslant 12.5$；固化剂、粉煤灰视具体情况定。

③水：符合国家标准的饮用水。

2）施工机械设备的检查关：

①施工机械的选用可根据工程量和施工场所的情况而定，一般情况下可选用水泥混凝土的施工机械，也可用二灰碎石拌合机；工程量较小时也可采用砂浆拌合机。

②检查插入式振动棒、磅秤、计量桶、装载机等。

3）配合比的设计关：

配合比应根据设计要求及地质报告提供的参数确定。

（2）施工工艺

固化粉煤灰的工程施工类似于混凝土施工，其工艺简单，工作量不大时可采用混凝土搅拌机进行拌合，工作量较大时可采用搅拌台集中搅拌。拌合均匀后，根据工程施工要求进行分层铺摊浇筑，经机械振捣密实、成型、养护。

（3）施工过程中的注意事项

①基槽开挖结束后，如遇到局部土体松软应及时清除，并要求用同配合比的固化粉煤灰混合料分层回填补平，符合要求后方可允许进行固化粉煤灰的施工；

②摊铺平整，每层厚度以 300～400mm 为宜，摊铺过程中用振动棒振捣，振捣时应快插慢拔，插点要求均匀，间距不大于 300mm，振捣以表面泛浆为止。应注意的是拌合的粉煤灰混合料应及时使用；

③施工缝连接时，要先清除表面松散不密实的部分。当采取分段施工时，上下相邻两层的施工缝要求错开设置，其间距不得小于浇注厚度的两倍；

④地下水位较高和雨天施工时，必须具备可靠的降排水措施，未振实的粉煤灰混合料遭水浸泡时，应要求将积水和松软的粉煤灰混合料清除，并用同配比粉煤灰混合料重新浇注振实；

⑤气温低于−5℃时禁止施工，如要施工必须采取可靠的防冻措施，遇有冻害需及时清理，并按照施工缝处理办法进行处理；夏天施工要防止水分蒸发过快，适当的洒水养护，养护 3d 后覆盖 500mm 的二灰土或 300mm 厚的二灰碎石；

⑥施工后固化粉煤灰表面应平整，无松散现象；

⑦拌合时间要以粉煤灰与固化剂充分搅拌均匀来确定；

⑧粉煤灰施工时的最小含水量不得小于 25％。

3.1.2 沥青玛蹄脂碎石混合料（SMA）

沥青玛蹄脂碎石混合料，是一种新型的沥青混合料结构，它起源于 20 世纪 60 年代的德国，德文称 Splitmastixasphalt。20 世纪 90 年代初引入美国，被称为 Stone Mastic Asphalt，缩写为 SMA。1993 年，SMA 在我国首都机场高速公路首次应用。

1. SMA 组成

SMA 是一种由沥青、纤维稳定剂、矿粉和少量的细集料组成的沥青玛蹄脂填充间断级配的粗集料骨架间隙而组成的沥青混合料。它是由足够的沥青结合料和具有相当劲度的沥青玛蹄脂胶浆填充在粗集料形成的石—石嵌挤结构的空隙中形成的。

2. 特点

SMA 具体特性如下：

（1）高温稳定性好

SMA 的组成中粗集料多，混合料中粗集料之间的接触面很多，细集料少，玛蹄脂仅填充粗集料之间的空隙，交通荷载主要由粗集料骨架承受。由于粗集料之间良好的嵌挤作用，沥青混合料具有非常好的抵抗荷载变形能力和较强的高温抗车辙能力。

（2）低温抗裂性好

低温条件下沥青混合料的抗裂性能主要由结合料的拉伸性能决定。由于 SMA 的集料间填充了沥青玛蹄脂，它包在粗集料的表面，低温条件下，混合料收缩变形使集料被拉开时，由于玛蹄脂有较好的粘结作用，使混合料有较好的低温变形性能。

（3）水稳定性好

SMA 混合料的孔隙率很低，几乎不透水，混合料受水的影响很小，再加上玛蹄脂与集料的粘结力好，使混合料的水稳定性有较大改善。

（4）耐久性好

SMA 混合料内部被沥青玛蹄脂充分填充，且沥青膜较厚，混合料的孔隙率很低，沥青与空气的接触少，抗老化性能好，由于内部空隙率低，其变形率小，因此有良好的耐久性；SMA 基本上是不透水的，使路面能保持较高的强度和稳定性。

（5）具有良好的表面功能

SMA 采用坚硬、粗糙、耐磨的优质石料，间断级配，粗集料含量高，路面压实后表面形成的孔隙大，构造深度大，因此抗滑性好。SMA 路面雨天行车不会产生大的水雾和溅水，粗糙的表面在夜间对灯光反射小，能见度好，噪声也大为降低。

3. 应用

SMA 具有抗高温、低温稳定性，良好的水稳定性，良好的耐久性和表面功能（抗滑、车辙小、平整度高、噪声小、能见度好），耐久性好，故养护工作少，使用寿命长，综合经济效益和环境效益好。因而广泛应用于高等级路面结构中。

3.1.3　改性沥青（SBS）

SBS 全称是苯乙烯和丁二烯嵌段共聚物，既具有橡胶的弹性性质，又有树脂的热塑性性质，分为线性和星形两种，它独特的结构使沥青的韧性提高、软化点上升、渗透性降低、高温下的流动倾向减弱，还能提高沥青的刚性、拉伸性。

1. 改性沥青相溶性机理

改性沥青是由高分子聚合物改性剂作为分散相，用物理的方法以一定的粒径均匀地分散到粒径连续相重新构成的体系。聚合物之间存在部分的吸附，极易发生两相之间的离析。相溶性好是指作为分散相的聚合物以一定的径粒，均匀分布在沥青相中，改性效果显著。所以，SBS 改性沥青的生产问题就是沥青与 SBS 的相溶性问题。如果两者的相溶性不好，则沥青会发生离析，使改性沥青的技术指标受到很大的影响。

2. SBS 改性沥青较其他沥青的优点

（1）相对降低蜡含量（小于 2%）（降低蜡含量对道路沥青质量的影响）。

（2）提高路面的抗水损害能力。

（3）PS 链段物理交联可提高沥青混合料抵抗高温永久变形的能力（提高刚度）。

（4）PB 链段的柔性可提高沥青混合料抵抗低温变形的能力（改善韧性）。

（5）提高沥青与石料的抗剥离能力。

（6）提高密级配沥青混合料路面抵抗疲劳裂纹的能力。

（7）提高沥青混合料的抗老化性能。

3. SBS 改性沥青的原材料

生产 SBS 改性沥青的原材料包括基质沥青、SBS 改性剂和稳定剂等。

（1）基质沥青

SBS 改性沥青是在基质沥青中掺加少量的热塑性橡胶，通过一定的工艺加工而成，改性沥青的性质与基质沥青密切相关，因此要生产符合规范要求的改性沥青，选择基质沥青是关键。

（2）SBS 改性剂

SBS 改性剂兼有橡胶和塑料两种性能，常温下具有橡胶的弹性，高温下能像热塑料般成为可塑性材料，因而称热塑弹性体。SBS 改性剂在改性沥青生产中的应用效果最理想，其主要特点如下：

1）改变了沥青的化学性质，黏弹性和延性提高，路面的抗冲击能力、抗开裂能力、耐磨耗能力都大大增加，可延长沥青路面的使用寿命。

2）增大了沥青的黏附性和黏韧度，提高了沥青与砂石料的结合力，改善了沥青混合料的强度和防水能力，增强了沥青路面的耐久性。

3）降低了沥青的温度敏感性，使沥青的针入度和软化点下降、弹塑范围扩大，耐流动变形能力得到改善，使沥青路面平坦性能和抗车辙性能得到提高，使行车速度提高，路面维护减少。

（3）稳定剂

改性沥青生产方式有现场加工和成批生产两种工艺。现场加工一般是改性沥青设备与拌合楼配合使用，生产出的改性沥青在储存罐中稍作保温存放即输入拌合楼。这种工艺不需要加入稳定剂，只要保温搅拌即可。

成批生产改性沥青的存储、运输放置时间长，由于沥青中含有较多的极性化合物，而SBS改性剂是属于非极性化合物，黏度大。因此沥青则容易沉在下部，即产生离析现象。这种不稳定性对生产成品SBS改性沥青的存储是不利的，尤其在长途运输时更不容易解决。加入稳定剂可以降低沥青相与SBS之间的界面能，SBS相的分散，强化了两相间的粘合。同样，稳定剂的选用也需要根据沥青型号来选择，在生产前必须进行试验，选用合适的稳定剂。

4. SBS改性沥青混合料的拌制

（1）沥青混凝土拌合机的产量应与摊铺速度和摊铺层厚度相适应。

（2）沥青拌合操作人员要掌握设备的性能特点，确保拌合设备运行良好，温控、计量等各项性能可靠，混合料级配、沥青用量和拌合效果应满足规定要求。拌合机计量控制主要是抓冷料的供给，其目标是调整在单位时间内始终均匀地保持有与目标配合比相同比例的集料进入拌合机，只有按这样的配合比进料，才能保证集料级配的准确。

（3）及时检查沥青混合料的质量，如有无花白、冒烟、离析等现象，发现问题及时予以纠正。

（4）要严格控制油石比和矿料级配，避免油石比控制不当而产生泛油或松散现象。拌合机每天上午、下午各取一组混合料试样做马歇尔试验和抽提筛分试验，检查油石比、矿料级配和沥青混凝土的物理力学性能。油石比与设计值的允许偏差±0.3%，采用抽提法检测沥青用量，应采用下述两种方法予以校核：一是由工地试验室检查每天的沥青用量及混合料产量进行总校核；二是测定实验室拌制沥青混合料中实用油石比与抽提法得出的油石比的差值，建立该实验抽提法测得的油石比的修正值，并定期对拌合楼的计量和测温进行校核。

综上所述，实际上生产改性沥青有三大要素：一是原料选择或原料组分调配，尤其是稳定剂的选择；二是生产设备选择；三是生产工艺优化（包括生产参数设定，现有设备组合优化改造等）。改性沥青在生产过程中应不断总结经验，根据实际情况对生产工艺进行优化，对设备进行改造。

3.1.4 水泥稳定混合料

近年来水泥稳定碎石基层在高等级公路上得到广泛应用，作为道路主要承重层，水稳碎面基层必须具有足够的强度、刚度、稳定性和耐久性，同时避免出现过多的裂缝，从而造成路面出现网裂、沉陷、唧浆等早期破坏。水泥稳定混合料在市政工程中也得到广泛应用。

施工控制

一般情况下，水泥稳定碎石基层的施工，宜在春末至冬初的季节进行施工。在此期间无冰冻，气温能够达到5℃以上。施工时，应按照施工技术规范要求和试验的施工配合比进行施工，设专人对整个施工过程进行监督和控制。

（1）拌合机用料控制

拌合前，根据拌合机的容量及搅拌功能，准确称量出砂、碎石、水泥等材料的质量，分别用量具盛装，避免拌合机喂料时出差错。同时可以节省时间，加快工程进度。

严把用料关。选用干净无泥土、质地坚硬的砂石材料，并且符合设计及规范要求的强度等级和级配；选用合格无结硬的水泥；不用脏水、污水。为了保证工程质量，不合格材料坚决不用，必须清除。

控制含水量。根据试验配制的配合比指导施工时，砂、碎石、水泥等材料的配制很容易掌握，最不容忽视的环节就是混合料的含水量的控制。受到拌合场到施工现场的运距、气候、砂石材料的干与湿等外界因素的影响，含水量都要作相应的调整。如果含水量控制不严，混合料忽干忽湿，容易产生离析现象，存在质量隐患，工程质量会受到很大的影响。在天气炎热干燥的情况下，含水量可略大于最佳含水量的 2% 左右。运到施工工地后，混合料中的水分有所损失处于或接近最佳含水量状态，碾压成型，达到预期效果。

（2）摊铺

混合料的摊铺。做到拌合机的生产能力与需要的摊铺能力相匹配，避免拌合机供料不足，劳力过盛；或摊铺能力跟不上，供料积压，影响工程进度。摊铺中，粗细集料要均匀。人工摊铺强调扣铲，料堆应翻底铲尽，消除粗细集料离析现象。如局部存在粗细集料集中，必须铲除并用新的混合料及时填补。施工时严格按照技术规范及设计要求控制好松铺厚度，一次性铺筑成型。在碾压时严禁采用薄层贴补法进行找补。因为薄层贴补层与已成型层不能完全结合成一个整体，薄层贴补法容易剥落，产生"飞砂"，导致平整度差，影响工程质量。

（3）碾压

摊铺完成后，表面必须保持润湿状态，尽量控制在最佳含水量或接近最佳含水量时进行碾压。碾压时一定要遵循碾压规则：①先轻后重、先静后振。先静压 1～2 遍，振动压实 6～8 遍，实际碾压遍数视具体情况而定；②在不设超高弯道和在直线段，由两侧向中间进行碾压；设有超高地段，由内侧向外侧碾压；碾压时重叠 1/2 轮宽。碾压遍数要合理，如果碾压遍数不够，达不到所要求的基层强度及压实度；过压容易造成已初凝的混合料板体断裂。

（4）养生

每施工完成一段，立即进行养生，洒水保养一定要使水泥稳定碎石基层表面处于润湿状态，养生期限一般为 7d。保养期间，在养生地段的两端设置明显的禁令标志，禁止车辆碾压。不能封闭交通时，严禁重型车辆通行。

（5）时间控制

混合料从拌合出料到碾压成型的整个施工过程，时间不能超过 2h。时间拖长，水分过多损失，粗细集料结合不好，影响混合料的强度。水泥也开始初凝，碾压时破坏水泥的凝固，降低或失去水泥稳定的作用。

3.1.5　废弃材料的应用

在市政、公路工程建设中采用建筑垃圾再生材料处理的特殊路基，其强度等特性与用天然材料处理的地基截然不同。为合理有效地推广建筑垃圾再生材料在公路特殊路基中的应用，需结合再生材料的物理力学特性，提出相应的设计参数、材料标准和质量评价标准，才可保证其用于高速公路特殊路基的处理效果和使用寿命。

1. 废弃材料的特殊地基处理方法

湿陷性黄土的地基处理首先是消除其湿陷性，其次是提高承载力，主要处理方法有垫层法、强夯置换法、挤密桩法等；湿软地基处理主要是提高承载力和小变形，处理方法有粉喷桩和碎石桩等。以上方法都可以全部或部分使用建筑垃圾。在此主要介绍挤密桩法和换土垫层法。

（1）挤密桩法

纯建筑垃圾挤密桩需要进行浸水载荷试验确定其适用性，或是添加细粒透水性较差的黏土或灰土材料组成混合填孔材料。

（2）换土垫层法

当湿陷性黄土的厚度小于 3m 时，可以挖掉部分或全部湿陷性黄土，然后换填建筑垃圾再生材料。

2. 运用在不同地基部位处的形式

市政、公路路基的路堑段、路堤段和桥梁段，对地基的要求不一样，在满足水稳定性的同时主要强调承载力，而有的荷载本身就不大，主要强调的是水稳定性。对于高路堤段和桥梁的地基，为了提高承载力，可采用 CFG 桩或孔内深层强夯法，填料使用建筑垃圾再生材料；对于一般的路基段，为了消除黄土的湿陷性且适当提高承载力，可采用强夯置换法、挤密桩法，填料全部或部分使用建筑垃圾再生材料。

3. 废弃材料桩施工作用机理

废弃材料桩施工过程与灰土挤密桩基本相同，建筑垃圾再生材料作为填料与碎石的性质类似，其作用机理主要包括挤密作用和桩体置换作用等，具体分析如下。

（1）土体侧向挤密作用。建筑垃圾桩挤压成孔时，桩孔位置原有土体被强制侧向挤压，使桩周一定范围内的土层密实度提高。

（2）桩体置换作用。由于建筑垃圾再生材料主要成分为混凝土块和砖块，其强度远高于土体，密实的建筑垃圾再生材料桩体取代了与桩体体积相同的软弱黄土。由于桩的强度和抗变形性能均优于周围土体，所以桩与桩间土共同组成的复合地基的性能也得到了改善，沉降量比天然地基小，从而提高了地基的整体稳定性和抗破坏力。

（3）桩体应力集中作用。由于桩的变形模量大于桩间土的变形模量，荷载向桩上产生应力集中，从而降低了基础底面以下一定深度内土中的应力，消除了持力层内产生大量压缩变形和湿陷变形的不利因素。

（4）桩体吸水作用。建筑垃圾材料具有较好的吸水性，可吸收桩周土体的部分水分，降低土体的含水量，使土体更密实。

4. 建筑垃圾垫层法的作用机理

垫层法是处理湿软型地基的一种有效方法，建筑垃圾渣土或经过适当加工处理而成的再生材料可作为换填材料使用，垫层法作用的机理包括抛石挤淤、应力扩散和吸排水作用。

（1）抛石挤淤作用。由于一些常年积水的洼地排水困难，软黄土常呈流动状态，当其厚度较薄、表层无硬壳时，建筑垃圾再生材料垫层可以起到部分类似抛石挤淤的效果，将部分软黄土挤出，置换为强度较高的建筑垃圾材料。

（2）应力扩散作用。建筑垃圾土由碎砖块、混凝土块、石块组成，在道路回填基层中进行夯打、振动或碾压后，其强度力学指标大于普通回填土，因而形成一种上硬下软的地基模式；外荷载向下扩散传递，使其下卧软土层界面的附加应力比按传统方法计算出来的值要低，且分布的范围更大、更均匀。

（3）吸排水作用。含有砖块的建筑垃圾再生材料的吸水率较高，在碾压过程中部分建筑垃圾可以嵌固到土层中，吸收水分使得土层不再出现橡皮土的现象，密实度得到提高；另外建筑垃圾垫层整体渗透性好，可以起到很好的排水作用，加速下部土层的固结和沉降。

第 2 节　桥梁工程新材料

3.2.1　高性能混凝土

高性能混凝土（简称 HS-HPC）主要指具有高强度、高耐久性、高流动性等多方面的优越性能的混凝土。在现代建设工程中，高性能混凝土可提高同截面混凝土结构的承载力、降低结构物自重，达到优化设计、延长使用寿命的目的。

1. 高性能混凝土的特性

高性能混凝土与普通混凝土相比，具有以下优点：

（1）强度高

高性能混凝土的强度比普通混凝土的强度要高得多，这样可减小结构的断面面积，减轻结构自重，增大跨越能力，因而应用非常广泛。例如，在道路桥梁工程中应用高强高性能混凝土，因其强度高、弹性模量大，与同条件普通混凝土相比，能够将纵向受力结构的截面尺寸减小，还能够将建筑物的自重降低，以此提高经济效益。

（2）使用寿命长

高性能混凝土的组成物质与普通混凝土大不一样，其防水、防冻、抗裂和耐磨等性能好，尤其适用于恶劣的环境条件下使用，无形中延长了建筑物的使用年限，增加建筑物的使用价值。

（3）体积稳定性较好

混凝土的物理特性发生了内部变化，在硬化的不同时期会发生微弱的变化，早期和后期的微弱变化就会对环境产生利好的影响，能够实现保护和改善环境。

2. 高性能混凝土的应用

高性能混凝土被广泛地推广使用在长大桥梁和许多离岸结构物中。由于高性能混凝土有很高的力学性能、施工初期的强度和韧性、体积稳定性，因此，不管在任何环境下都可以提高流动性、强度、耐久性，提高了建筑物的使用寿命以及节约了工程造价的成本，经济效益好。

3.2.2　高聚物

1. 高聚物材料概念

高聚物按国际理论化学和应用化学协会（IUPAC）的定义是组成单元相互多次重复连接而构成的物质。通常认为聚合物材料包括塑料、橡胶和纤维三类。

高聚物材料的特点有重量轻、耐腐蚀、加工方便、实用美观等。

高聚物材料在道路及桥梁工程中的运用程度在逐步增加，这种材料主要是由一些分子质量较高的化合物构成，现在这种高聚物材料主要指橡胶、塑料、纤维及胶粘剂等高分子复合材料。

2. 桥面铺装新材料

（1）土工布

土工布是以高分子的聚合物为原料制成的一种透水性平面土工合成材料。它具有多孔隙、透水性好的特点，如果埋在土中，还能够吸收土中的水分，可以顺其平面进行传输排放。土工布的应用范围很广，目前主要应用于路面工程中的排水设施上，在挡土墙及隧洞衬砌后的排水系统中的运用也比较多。

土工布的铺设要注意要点，在边坡或堤岸上进行铺设要将土工布顺着坡的平面渗透通过，这样才能保证土工布下土粒的稳固性。土工布这种材料如果设置在两种材料中间，还能有效地防止不同材料的相互渗透，在路面的基层与土基之间如果铺设土工布还能中断土壤间产生毛细作用，这样能够防止路面翻浆现象的发生。土工布这种材料的抗拉及抗变形能力非常强，如果在路面的结构层中运用这种材料还能把荷载或应力进行分散。

土工布在软基处理中具有很好的效果，在修筑加筋挡土墙及桥台上的运用效果也比较明显。土工布还具有很好的防护性能，在道路边坡、泥石流和悬崖侧建筑物障墙防冲工程中运用能够起到很好的防护作用。

（2）高聚物改性水泥混凝土

聚合物浸渍混凝土把硬化的混凝土浸泡在单体浸渍液中，这样能够采用加热或辐射等手段，来促使单体能够浸入到混凝土中发生聚合反应，最终形成一个统一的整体。这种高聚物改性水泥混凝土具有强度高、抗冻和耐腐蚀性好，缺点是耐热性差、工艺复杂。

聚合物水泥混凝土主要由聚合物乳液、水泥、骨料以及砂按照一定的比例进行调配而成。这种聚合物的硬化能够实现与水泥水化的同步进行，还能够将矿质集料结合为一个整体。聚合物水泥混凝土形成强度速度非常快，而且具有很高的抗拉性和抗折性，还具有超强的耐磨性和耐久性，这种材料的干缩性比较小，非常适合现场制作。这些材料在混凝土路面、机场道面及桥面铺装层的快速修复上发挥极大的功能。

聚合物胶结混凝土是全部以聚合物为胶结材料的混凝土，其聚合物常为各种树脂或单体。这种聚合物胶结混凝土具有轻质高强特点，还具有极强的抗拉性、抗折性及抗渗性，在抗冻及耐久性上也比传统的建筑材料强，所以这种材料在道路及桥梁的工程中能够被广泛地应用。聚合物和集料之间具有很好的黏附性，所以为了防止路面发滑，就要求通过硬质石料的使用来做混凝土路面的抗滑层。

（3）裂缝修补和嵌缝材料

裂缝修补和嵌缝材料都属于胶粘剂的一种，这两种材料在修补水泥混凝土路面的裂缝以及嵌缝结构和构件的接缝中的运用比较多见。裂缝修补及嵌缝材料的运用能够发挥其超强的粘结力及拉伸率，在道路桥梁上能够发挥其良好的低温塑性及耐久性。

1）环氧树脂是这种修补材料的主要成分，这一修补材料目前主要分为缩水甘油基型的环氧树脂和环氧化烯烃。这种修补材料进行水泥混凝土路面的修补时，使用比较多的是缩水甘油基型。环氧树脂这种修补材料还具有一定的缺点，其延伸性低、脆性大及耐久性弱的缺点还需要进行不断的改进，为此可以通过添加改性剂来进行其性能的改进。实践中多采用低分子的液体改性剂以及一些增柔剂来实现其延伸性、耐久性及刚韧性的改进。

2）聚氨酯胶液中，多异氰酸酯与聚氨基甲酸酯是主体材料，这种高聚物能够制备成两组来进行固化弹性，由于这一材料能够达到很好的黏附性，所以其抗气候老化性能比较强，而且这一材料如果与混凝土一起运用也不需要进行打底，目前这一高聚物材料主要运用于房屋和桥梁的嵌缝密封工程中。

3）烯烃类的裂缝修补材料一般都是由一些烯类聚合物按照一定的比例进行配制而成，

这种材料目前主要分为两类，一种是用烯类单体或预聚体作胶粘剂，而另一种是用高分子聚合物本身作胶粘剂。这种裂缝修补材料的固化速度非常快，在户外运用几分钟即能够发挥性能，一般要经过 24～28h 才能达到其抗拉强度的最高峰，虽然这种材料的气密性能良好，但是由于其造价较高所以现在还不能实现大面积的推广。

4）氯丁橡胶嵌缝材料在道路及桥梁工程中运用，能够发挥其良好的粘结性，而且施工比较便捷。这种嵌缝材料的主体材料主要是氯丁橡胶与丙烯系塑料，在调配时还要加上一些增塑剂、硫化剂以及增韧剂，另外还要添加一定比例的防老剂和填充剂才能达到其很好的黏稠性。

5）硅橡胶作为高聚物嵌缝材料的一种，其具有很好的抗氧化性，其不容易变形而且柔韧性比较好，这种优质的嵌缝材料由于价格偏高所以其应用也会受到一定限制。聚硫橡胶嵌缝材料在那些细小多孔及暴露表面的接缝中运用的比较多。

3. 模板新材料

纤维增强复合材料（FRP）具有轻质高强、刚度大、耐腐蚀、美观等优点，作为新型的模板替代材料，具有免维修、易拼装、施工简便等优势，同时可设计为永久性模板参与结构受力，并保护混凝土免受腐蚀，是一种具有潜力的新型建筑模板材料，在桥梁工程领域具有广阔的应用前景。

（1）材料及制备工艺

新型纤维增强复合材料是以热固性树脂为基体，以纤维为增强材料，通过各种工业化制备工艺制成的复合材料。热固性树脂可以采用不饱和聚酯树脂、乙烯基酯树脂、环氧树脂、酚醛树脂以及无机树脂等，纤维可采用玻璃纤维、玄武岩纤维、碳纤维、芳纶纤维、金属纤维、超高分子量聚乙烯纤维等。模板工程中常采用价格低且国产化程度高的玻璃纤维布作为增强材料。

复合材料成型工艺是复合材料工业发展的基础和条件。随着复合材料应用领域的拓宽，复合材料制备工艺得到迅速发展，目前已有 20 多种，并成功地用于工业生产。而土木工程的大型复合材料结构件（包括建筑模板）较适合采用低成本且质量可控的工业化成型工艺制备，包括模压成型、真空导入成型、拉挤成型工艺等。

（2）基本特点

新型纤维增强复合材料建筑模板具有以下特征：①强度高、刚度大、韧性好、抗疲劳能力强。通过不同的成型工艺和改变纤维铺层，可获得各种工程结构件所需的结构性能（抗弯刚度、受弯、受剪和受压承载力等）。②耐水性好、光洁度高、易存储，质轻、搬运便捷，能大幅提高施工效率。③耐腐蚀，能在沿海地区、地下工程、矿井、海堤坝工程中使用。作为永久性模板使用时，可兼具受力构件的作用，代替钢材等传统材料，因此是一种绿色高性能的结构材料。④工厂预制，拼装简单，施工方便，省时省工。⑤可塑性强，可设计性好。根据设计要求，通过不同模具形式可生产出不同形状和规格的模板。

4. 预应力筋新材料

在预应力混凝土中，为了解决预应力筋的腐蚀问题，自 20 世纪 80 年代中期以来，欧美及日本等国家开始使用纤维增强塑料（FRP）制作而成的非金属预应力筋，我国也在利用玻璃纤维和碳纤维等制作复合材料筋，有单一纤维筋，也有混杂纤维筋等。目前

FRP 的研究开发在国内外已达到相当高的水平，并进入实际应用阶段。

（1）复合材料预应力筋的品种、规格及性能特点

纤维增强塑料包括玻璃纤维增强塑料（GFRP）、碳纤维增强塑料（CFRP）和芳纶纤维增强塑料（AFRP）等，是由多股连续纤维以环氧树脂等作为基底材料胶合后，经过特制的模具挤压、拉拔成型的。

非金属预应力筋的规格很多，如 CFRP 线材的直径为 3.5～5.0mm。绞线有 1×7、1×19、1×37 几种，直径为 5.0～40.0mm 不等；AFRP 棒材的直径为 2.6～14.7mm，绞线直径为 9.0～14.7mm 等。纤维增强塑料的极限抗拉强度较高，制成棒材后，棒材的极限强度也比较高。纤维增强塑料筋的力学性能见表 3-1 所列。

纤维增强塑料筋的力学性能　　　　表 3-1

FRP 类型	密度 $(kN \cdot m^{-3})$	抗拉强度 (MPa)	弹性模量 (GPa)	极限应变 (%)	比强度 $(\times10^3 m)$	比刚度 $(\times10^3 m)$
芳纶纤维	13.0	1610	64	2.5	1.2	49.2
玻璃纤维	20.0	1750	51	3.4	0.9	25.5
碳纤维	15.0	2400	150	1.6	1.6	100.0
高强钢丝	78.5	1800	200	4.0	0.2	25.5

纤维增强塑料筋与钢材相比，其性能优点是：

1）强度—质量密度比高，比钢材大 5 倍；

2）碳纤维和芳纶纤维筋具有良好的疲劳性能，应力幅约为钢材的 3 倍，但玻璃纤维筋的疲劳强度比钢材显著低；

3）抗腐蚀性能好，且为非磁性材料，磁悬浮列车要求轨道结构无磁性，可用于建造无磁性预应力混凝土结构；

4）热膨胀系数低，CFRP 为 $0.6\times10^{-6}/℃$，约为钢材的 1/20；

5）能耗低，FRP 采用化学合成法生产，能源消耗远低于钢材。

但缺点是：

1）弹性模量较低，约为预应力钢材的 1/4～3/4；

2）极限延伸率低，破坏形态呈脆性，没有屈服台阶，抗剪强度低，约为预应力钢材的 1/5～1/4；

3）静载长期强度与短期强度的比值低；

4）芳纶纤维吸水后容易损坏，价格高。

（2）碳纤维复合材料筋

碳纤维是 20 世纪 60 年代以来随着航天工业等尖端技术对复合材料的苛刻要求而发展起来的新材料，具有强度高、弹性模量高、密度小、耐疲劳和腐蚀、热膨胀系数低等优点。

在国外，日本研制出一种称作 CF-FIBRA 的编织碳纤维复合筋，已在实际工程中应用。力筋由编织 PAN 基碳纤维纱线浸渍环氧树脂而成，纤维体积含量为 72%。日本 Saitama 大学和东京绳索株式会社开发出一种称为 CFCC 的碳纤维复合筋，它由搓捻的高强连续碳纤维浸渍树脂而成。他们已采用 CFCC 修建了一座跨径 7m 的预应力混凝土工字

型梁桥（Shingu 桥）。德国 1991 年在路德维希港建成一座采用 CFRP 筋束施加部分预应力的全长 80m 预应力混凝土桥梁。筋束制作工艺为：把碳纤维束浸渍环氧树脂，拧成直径 12.5mm 的索，再把 19 股索挤成预应力筋。

（3）玻璃纤维复合材料筋

20 世纪 70 年代初，联邦德国斯图加特大学 Rehn 教授提出用玻璃纤维复合材料筋取代传统的高强钢丝修建预应力混凝土桥的工程可行性。还进行了跨径 9m 的小梁荷载试验，所配置的预应力筋由价格较便宜的 E-玻璃纤维与不饱和聚酯树脂组成。

根据联邦研究和技术部的科研项目，由 Strabag 公司开发出一种称为 HLV 的复合筋，由 Bayer 公司于 1980 年在杜塞尔多夫建成了一座跨径 7m 的试验桥（Lunenshe Gasse 桥），采用 12 根长 7m 的无粘结 E-玻璃纤维复合筋（HLV）施加预应力。对筋的灌胶锚头进行了 5 年的拉力监测，并在现场验证了实验室取得的成果。1986 年在杜塞尔多夫建成了世界上第一座采用玻璃纤维复合筋的预应力混凝土公路桥 Ulenberg Strass 桥。桥梁上部结构为两跨 21.30m+25.60m 的后张法预应力混凝土连续实体板，板宽 15.00m，高 1.44m，共使用 59 根 HLV 筋，每根筋由 19φ7.5 的 E-玻璃纤维复合材料筋组成。全桥共使用玻璃纤维复合材料 4t。1988 年又在柏林 Marienfelde 公园修建了一座跨径为 27.63m+22.95m 的预应力混凝土人行桥，这是德国自 1945 年以来修建的第一座体外预应力桥梁。

美国南达科他矿业和理工学院对于先张法预应力混凝土结构采用玻璃纤维增强塑料筋的可行性进行了较深入的研究。通过试验得知，配置玻璃纤维绞线的梁，其破坏荷载、破坏模式、荷载—挠度关系、疲劳特性以及预应力筋与混凝土的粘结力等，均与配置钢绞线的梁相同。

1960 年我国交通部科学研究院与河北、新疆和西藏等省（自治区）交通部门合作，从事用玻璃纤维束取代受力钢筋修建混凝土桥梁的探索，进行了配置玻璃纤维主筋的小梁试验。上述小梁试验和板桥通车 5 年的实践表明，配置玻璃纤维芯桥的混凝土结构，具有良好的短期强度。由于芯棒采用了强度不高的有碱玻璃纤维，并采用水泥浆作胶粘剂，由于水泥中的碱易使纤维受腐蚀而脆化，影响这种结构的长期强度。

20 世纪 70 年代末期，我国玻璃纤维增强塑料（俗称玻璃钢）技术水平有显著提高，交通部公路科学研究所着手玻璃钢公路桥梁的研究，1982 年在北京密云建成一座跨径 20.7m、宽 9.2m 的全玻璃钢蜂窝箱梁公路桥。其设计荷载为汽车-15 级，挂车-80 级，并进行了现场桥梁荷载试验，结果表明玻璃钢这类复合材料可以用作承重结构。但该桥通车后，出现了桥面下陷和箱梁腹板上方局部压屈等问题。

继交通部公路科学研究所之后，重庆交通学院也进行了玻璃钢人行桥的研究，并修建试验桥多座。安徽省公路管理局和科研所正着手进行复合材料力筋预应力混凝土桥梁的研究。原解放军理工大学还进行了碳/玻混杂纤维筋混凝土和预应力混凝土结构的应用研究。

（4）芳纶纤维复合材料筋

芳纶（Aramid，又称芳香族聚酰胺）纤维于 1965 年由美国杜邦公司发明，与玻璃纤维相比，其密度更小，韧性较好，但价格较贵。美国、荷兰、德国、英国和日本等国都开展了采用芳纶纤维作预应力混凝土预应力筋的研究工作。日本 Sumitomo 建设株式会社与

Teijin 株式会社合作研制的芳纶复合材料预应力筋束，以乙烯基酯树脂作基体，用拉挤工艺成型。筋束的直径为 6cm，纤维体积含量 65％，预应力力筋由不同数量（1 根、3 根、7 根、12 根和 19 根）的筋束组成。还研制出不同尺寸的锚头。

日本已建成多座芳纶纤维复合筋预应力混凝土桥，例如跨径 11.79m 先张法预应力混凝土示范性桥，桥面宽 9.00m，梁高 1.56m，上部结构由 5 根宽 60cm、高 1.30m 的空心箱梁加上混凝土桥面板组成；跨径 25m 的后张法预应力混凝土示范性桥梁，桥面宽 9.2m，梁高 1.90m，上部结构由两个宽度 2.80m 的箱形截面组成；跨径 54.5m 的后张预应力混凝土吊床板人行桥。其主索采用总长 7150m 的芳纶纤维复合筋（由 8 条带有垫层的扁平复合材料筋带组成）。

5. 超高强预应力钢绞线

随着桥梁结构的跨度和宽度不断增大，结构中预应力钢筋的用量也越来越大，结构设计与预应力束的布置也越来越困难，施工中力筋张拉也容易发生事故。采用超高强预应力钢绞线代替普通预应力钢筋，既节省了钢材，又方便了设计，减小了施工难度，是大跨度桥梁值得推广的一项改进方法。

国产预应力混凝土用钢绞线的最高强度级别一直局限在 1860MPa 以内。上海申佳金属制品有限公司成功地把直径 15.24mm 和 12.7mm 钢绞线的强度级别提高到 2000MPa（290 级），1998 年和 2002 年 2000MPa 钢绞线分别通过上海市科学技术成果鉴定和新产品鉴定。直径 15.24mm、强度 2000MPa（290 级）钢绞线已批量生产且应用于多项工程。

6. 复合材料建筑模板

1997 年美国犹他州研究人员开始研究关于纤维增强复合材料在小跨径桥梁中的应用。2003 年美国圣帕特里西奥县建成的 Texas FM3284 复合材料—混凝土组合桥梁，由 2 跨组成，每跨跨径 9.1m，总宽 9.8m。其主梁模板是通过真空导入成型工艺制成的玻璃纤维增强复合材料 U 形模壳。

该 U 形模壳具有以下特征：（1）模壳内下半部分填充泡沫混凝土，用来支承上部混凝土，同时减轻主梁自重，增大截面惯性矩。模壳在工厂完成制作，通过现场吊装直接作为施工模板使用，无须搭设脚手架，节省施工时间。然后在其上铺设钢筋网，浇筑上部混凝土。（2）待上部浇筑的混凝土硬化后，复合材料模壳参与受力，上部混凝土受压，下部模壳受拉，等效于普通混凝土梁下部配置的钢筋作用，从而代替了钢材这一传统的建筑材料。（3）模壳作为永久保护构件能有效提升结构的耐腐蚀性能。（4）U 形模壳上部间隔一定间距，配置了一定数量的带螺纹剪力键，能很好地防止组合梁在受力过程中发生模壳与混凝土的界面剥离。

7. 铝合金

铝合金在世界范围内新建或桥梁维修中的应用已经有了很长时间的历史。相比较而言，我国在该方面的研究基本上还是处于空白状态。本节研究了铝合金材料的材料力学特性，详细分析了铝合金应用于桥梁的优点。

（1）铝合金的材料力学特性

1）主要力学性能指标

目前，用于建造或修复铝合金桥梁的铝合金有多种，如 6061-T6 型铝合金和高强度铝合金型材 70XX-T6 系列等。本文主要介绍工程中比较常用的 6061-T6 型铝合金的材料力学性能。

2）应力—应变曲线

单向拉伸试验表明，铝合金材料存在明显的线弹性阶段；当拉应力接近屈服强度时，材料的弹性模量急剧降低，但没有出现类似低碳钢的屈服平台而是直接进入了强化阶段。Ramberg-Osgood 模型是一个能够比较理想描述铝合金材料本构关系的解析模型，如式（3-1）所示：

$$\varepsilon = \frac{\sigma}{E} + 0.002\left(\frac{\sigma}{f_{0.2}}\right)^n \tag{3-1}$$

上式中，n 是一个描述材料应变硬化的参数，由材料试验确定，一般情况下可以用 Steinhardt 给出的近似表达式确定：

$$n = f_{0.2}/10 \tag{3-2}$$

（2）铝合金材料应用于桥梁工程的优点

与混凝土和钢材等传统建筑材料相比，铝合金具有下列优点。

1）重量轻、比强度高。铝合金材料的密度为 2.7g/cm^3，大致为钢材的三分之一，而常用的 6000 系列铝合金材料的强度比一般常用的碳素钢的强度还要高。如 6061-T6 型铝合金的屈服强度为 245MPa，抗拉强度可达 265MPa，已超过 Q235 钢的强度指标。高强度铝合金型材，如 70XX-T6 系列的屈服强度可达 300MPa，甚至 500MPa 以上。因此，采用铝合金代替钢材或者混凝土建造桥梁结构可以大大减轻结构自重。由于桥梁的上部结构较轻，不但减轻了施工强度，缩短施工周期，而且对基础的要求降低，减少了下部结构的建造费用。

2）铝合金材料具有良好的耐腐蚀性能，铝合金在大气的影响下，其表面能够自然地形成一层氧化层。这种氧化层可以在很大程度上防止铝合金材料的腐蚀，这种良好的耐腐蚀性可极大地减少桥梁的防腐和维护费用；在钢筋混凝土桥面板和铝合金构件起组合作用的情况下，由于铝合金材料的热膨胀系数（22×10^{-6}）比钢筋混凝土大，所以在寒冷的环境下铝合金材料的收缩可以使混凝土中产生的微裂缝趋于封闭，使得水分和氯化物无法侵入，从而保护了钢筋。

3）由于重量轻，铝合金桥梁大多采用工厂预制、现场安装的方法，其预制、运输以及安装过程简单，时间短，费用较低，能够适应符合现代施工技术的工业化要求。

4）铝合金材料具有良好的低温性能，随着温度的降低，其强度反而有所增加且无低温脆性问题，因此可以用于制造寒冷地区的桥梁。

5）在现有桥梁的维修加固中，可以较小的重量增加较大的承载力，提高桥梁承受活荷载的比例。

6）铝合金材料易于回收，再处理成本低、再利用率高，有利于环境保护，符合可持续发展要求。

目前，铝合金材料的价格高于钢材，但是其较低的制造、运输、安装费用和较短的时间、低廉的维护费用可以弥补其原始材料价格上的劣势。当铝合金桥梁结构采用合理的设计、使用预制构件、简化安装时其原始造价基本与钢结构差不多，但就其终身费用来说，铝合金结构则更具有竞争力。

铝合金材料缺点是弹性模量低（钢的三分之一）、连接难度大，目前连接件还是用钢材。

第3节　隧道及管道工程新材料

3.3.1　灌浆堵漏材料

改性环氧灌浆材料是由过量的多异氰酸酯和多羟基化合物预先制成含有游离异氰酸基团的低聚的氨基甲酸酯预聚体。常用的多异氰酸酯有甲苯二异氰酸酯、二苯甲烷二异氰酸酯和聚次甲基聚苯基异氰酸酯3种。

灌浆补强时应首先在侧墙外搭设临时脚手架，在脚手架的适当位置处设置木板，作为修补用的工作平台。然后按照如下施工步骤进行施工：

1. 根据裂缝调查结果，对宽度 $d \geq 0.3mm$ 裂缝进行标记，将标记作于裂缝的某一末端；

2. 用塑料薄膜将裂缝附近没有表面缺陷的混凝土覆盖，以防止在修补时污染完好的混凝土表面；

3. 由标记找出宽度 $d \geq 0.3mm$ 的裂缝，根据裂缝的长度，在其上每隔 $30 \sim 50cm$ 设置环氧胶体注入座；

4. 对各条裂缝的表面进行打磨，并用棉布将表面清理干净。然后用电吹风吹，对裂缝进行除尘；

5. 调配环氧胶体并将其装入注射器中，然后从上到下将环氧胶体经过注入座注入裂缝内。注入时从裂缝的一端开始，沿着注入座逐个注入，然后反方向逐个注入，并逐个封闭注入座；

6. 待注入的环氧胶体固化后，拆除注入座；

7. 利用高分子树脂胶粘剂封闭、填平注入座，并用砂纸将其表面打磨平整；

8. 清理、打磨裂缝及其周围混凝土表面，使其表面光洁、平滑。清除包裹的塑料薄膜；

9. 拆除临时脚手架等临时设施，清理施工现场。

3.3.2　SBS 防水卷材

1. 材料组成

SBS 防水卷材是以苯乙烯—丁二烯—苯乙烯（SBS）热塑性弹性体作改性剂的沥青做浸渍和涂盖材料，上表面覆以聚乙烯膜、细砂、矿物片（粒）料或铝箔、铜箔等隔离材料所制成的可以卷曲的片状防水卷材。

2. 适用范围

（1）聚酯毡胎基弹性体改性沥青防水卷材适用于工业与民用建筑的屋面和地下防水工程；

（2）玻纤增强聚酯毡胎基卷材适用于机械固定单层防水，但需通过抗风荷载试验；

（3）玻纤毡胎基卷材适用于结构稳定的一般屋面和地下防水工程；

（4）外露使用采用上表面隔离材料为不透明的矿物粒料的防水卷材；

（5）地下工程防水宜采用表面隔离材料为细砂的防水卷材。

3. 施工要点

（1）基面处理：要求干燥（含水率<8％）、干净、坚实、平整、无尘土、无油污。阴

阳角应做成圆弧形，节点部位要预先处理；

（2）打底涂层：为便于施工和保证涂膜质量，用专用基层处理剂，对基层进行均匀涂布，待其干后（约 6～8h），方可进行涂料施工；

（3）涂料施工：用橡胶刮板或棕刷均匀地将涂料涂刮在基面上，涂覆通常分三遍进行，每遍涂层约为 0.5mm 厚；涂覆时必须等上一涂层干透以后（约 6～8h）方可进行下一涂层施工；

（4）做隔离层：涂层实干后（约 3d），在其面上铺一层无纺布或玻纤布作隔离层（30～50g/m）；

（5）参考用量：

涂料：2.3～2.5kg/m（厚度为 1.5mm），基层处理剂：0.2kg/m。

4. 注意事项

（1）涂料有沉淀，属正常情况，使用时应随用随搅拌；

（2）施工温度宜在 5℃ 以上，施工时要保证施工环境空气流通顺畅；

（3）涂布过程中，若发现气泡，应在半小时内用针滚将其刺穿，该涂料其有独特的自愈能力，不影响涂膜质量；

（4）施工过程中，涂膜应避免接触二甲苯、汽油等有机溶剂。

5. 选择方法

（1）择优选择厂家。有条件最好去厂家实地考察，因为这种材料的生产过程看起来很简单，但是要做好是需要很多条件的。去厂家考察要注意几个要点：设备技术状态，原材料（沥青型号、是否有 SBS、胎基布），试验室。

（2）选择材料时最好是货比三家，当面多咨询几个厂家的业务员，验证一下，不要太相信他们给你们提供的样品等，最好拿着他们提供的小样到他单位的库房去核对一下是否一致。

（3）选择材料应方便施工，不好的卷材成分比例不合理会导致施工慢、隐患多等问题。

第 4 节　新型易燃易爆等危险品类材料技术特性

3.4.1　概述

1. 定义

凡具有爆炸、易燃、毒害、腐蚀、放射性等危险性质，在运输、装卸、生产、使用、储存、保管过程中，于一定条件下能引起燃烧、爆炸，导致人身伤亡和财产损失等事故的化学物品，统称为化学危险物品。目前常见的、用途较广的约有 2200 余种。

2. 易燃易爆品分类

（1）爆炸品；（2）压缩气体和液化气体；（3）易燃液体；（4）易燃固体、自燃物品和遇湿易燃品；（5）氧化剂和有机过氧化物；（6）毒害品和感染性物品；（7）放射性物品；（8）腐蚀品；（9）杂类。

3.4.2　爆炸品简介

下面重点就爆炸品作简要介绍。

1. 含义

一切能够在外界作用下发生爆炸并对外界产生一定破坏作用的材料和物品，称为爆炸物品。此处特指化学爆炸物品和各类弹药。

2. 爆炸物品包含的范围

各类炸药、火药、烟火药：如 TNT、RDX、硝铵类炸药、火药；

各类火工品：如雷管、导火索、导爆索、导火管、拉火管等；

各类弹药：如炮弹、导弹、航弹；各种地、水雷；爆破器、手榴弹、手雷等。

3. 炸药的主要参数有爆温、爆速、爆容以及炸药的感度、安定性等。

4. 炸药的分类及用途

（1）起爆药：敏感，起爆猛炸药用；

（2）猛炸药：破坏能量的主要提供者，较钝感；

（3）发射药：燃烧产生推力，抛掷、推送作用；

（4）烟火剂：发火、发光，照明、信号，烟花爆竹用。

5. 爆炸现象

爆炸现象是一种非常迅速的物理或化学的变化过程，其重要特征是压力发生突跃变化，且非常剧烈。

爆炸的表象有：火光→响声→爆炸冲击波（地震波）→破坏目标、介质。

产生化学爆炸的条件：反应过程的放热性、快速性、大量的气体产物。放热性给爆炸变化提供了能源；快速性使得爆炸产生高能量密度；反应产生的气体则是能量转换的工作介质。

6. 炸药对外界的破坏作用和杀伤作用：对人员的杀伤作用；冲击波压力和破片的杀伤作用。

7. 常见炸药和火工品

（1）高级炸药类：

1）RDX（黑索今）（硝铵类炸药）（图 3-1）

①高密度、高爆速、高威力炸药；

②主要用于军用弹药、雷管、导爆索等；

③白色粉状结晶；

④可燃烧；密闭条件可燃烧转爆炸；燃烧时火焰十分明亮；

⑤钝化黑索今呈粉红色状。

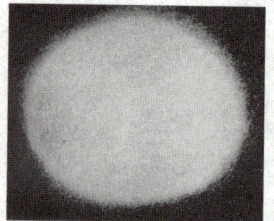

图 3-1　黑索今粉末

2）奥克托今（HMX）（硝铵类炸药）

①是猛炸药中性能最好、威力最大的一种炸药；

②用途与 RDX 相同；

③白色结晶状。

3）太安（PETN）（硝酸酯类炸药）

①白色结晶状；

②易燃烧；药量大时可燃烧转爆炸；

③主要用于军事；民用主要用于导爆索、雷管等。

4）硝化甘油（NG）（诺贝尔首先开始其工业生产）

①无色透明或淡黄色油状液体；

②易发生冻结；冻结时感度较高；

③主要用于制造发射药、推进剂和胶质炸药，如图 3-2 所示。

图 3-2 硝化甘油炸药

（2）中级炸药类：

1）梯恩梯（TNT）

①TNT 是最常见的单质炸药和主要的猛炸药之一；

②淡黄色针状晶体；工业品鱼鳞片状；军用品制式药块；

③可燃烧；

④TNT 的用途极为普遍；主要用于装填各种军用弹药和工程爆炸；或用于制造混合炸药。

2）苦味酸（三硝基苯酚），易与弹体金属反应，产生感度高的苦味酸盐，猛炸药的一种。

（3）低级炸药类：

1）铵梯炸药（混合炸药）

①由硝酸铵（工业用）、梯恩梯、木粉等混合而成；

②感度较低，使用安全性较高；

③主要用于土岩爆破；是工程爆破常用的炸药之一；也可能是犯罪分子作案的常用炸药之一；

④怯水，遇水将使其性能降低很多。

2）浆状炸药（含水混合炸药）

①由氧化剂水溶液、胶凝剂、敏化剂、可燃剂和交联剂等组成；其中氧化剂以硝酸铵为主；

②感度适中，抗水性强；

③主要用于工程爆破。

3）乳化炸药（含水混合炸药）

①也称乳化油炸药、乳胶炸药，用乳化技术制成，属于油包水型抗水炸药；

②由以硝酸铵为主的氧化剂、碳质化合物（如柴油）、敏化剂、乳化剂等组成；有较强的抗水性；

③主要用于工程爆破（土岩和结构物拆除爆破）；适于在有水环境中使用。

4）铵沥蜡炸药

①由硝酸铵、石蜡、沥青等组成；

②有一定抗水性；

③主要用于岩石爆破。

5）铵油炸药

①由硝酸铵、柴油和木粉按一定比例混合而成；

②加工简单，原料来源容易，价格低廉；

③贮存时间短，易吸温硬化；

④主要用于工程爆破。

（4）火药、烟火药类炸药：

1）黑火药

①由硝酸钾、木炭和硫黄等组成；

②呈黑色；以燃烧为主要化学变化形式；易燃烧，燃速快；受潮后性能易降低；

③主要用于作为子、炮弹的发射药；导火索药芯等。

2）其他发射药

如用于火箭发动机等。

（5）火工品类爆炸物品：

1）雷管

①雷管是十分重要的火工品之一；是军用弹药、工程爆破不可缺少的元器件之一；

②雷管的用途：用于起爆各种炸药和其他火工品，因而其内部装填的是较敏感的高级炸药；因此雷管是具有一定危险性的爆炸物品之一，也是需重点管理的爆炸物品之一。

按起爆方式分为火雷管、电雷管、导爆管雷管和特种雷管，如图3-3所示。

图3-3　各种雷管

按延期时间和方式分为瞬发雷管和延期雷管。

2010年，在江苏省南京市胥河大桥拆除中，应用乳化炸药和毫秒延时导爆管雷管，采用水压爆破技术，成功解决高墩多跨连续箱梁的危桥拆除难题，详见图3-4。

（a）乳化炸药及安装　　　（b）导爆管雷管安装　　　（c）爆破效果

图3-4　胥河大桥危桥爆破拆除

2）导爆索

①一种索状爆炸物品，含有高级炸药（RDX），较敏感；

②用途：起爆炸药和火工品等；也可直接作为炸药使用；如图3-5所示。

3）导爆管

①中空且内壁粘有少量高级炸药的管状爆炸物品（15mg/m；RDX 或 PETN 等）；

②主要用于传爆和起爆雷管。

图3-5　导爆索

4）导火索

①一种索状引爆雷管的物品；其原理是传递燃烧并喷出火焰；内装黑火药；有一定燃速；

②用途：延期并起爆雷管；

③可用明火或专用火工品点燃。

5）拉火管

①拉力作用使火药摩擦发火；

②专门用于点燃拉火管。

(6) 聚能切割器：

通过炸药爆炸使药型罩金属高速地向 V 形槽的对称线汇聚碰撞并产生金属射流，从而达到切割金属件的目的，如图 3-6(a) 所示。

2005 年，采用聚能切割器成功地将上海宝钢上钢一厂钢结构厂房拆除，取得很好的经济和社会效果，如图 3-6(b) 所示。

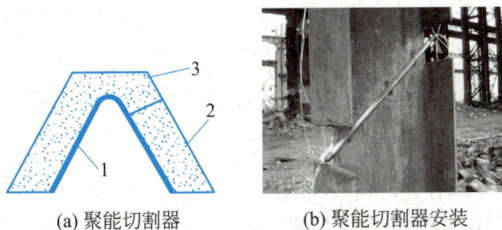

(a) 聚能切割器　　　　　(b) 聚能切割器安装

图 3-6　聚能切割器及钢结构拆除中应用

1—药型罩；2—装药；3—金属外壳

3.4.3　安全防范要求

1. 炸药和火工品的制作、存放、运输和使用应严格按照公安消防部门的有关规定执行，任何单位和个人不得擅自处理。

2. 危险品库房、实验室、锅炉房、配电房、配气房、车库、食堂等要害部位，非工作人员未经批准严禁入内。

3. 各种安全防护装置、照明、信号、监测仪表、警戒标记、防雷、报警装置等设备要定期检查，不得随意拆除和非法占用。

4. 易燃易爆、剧毒、放射、腐蚀和性质相抵触的各类物品，必须分类妥善存放，严格管理，保持通风良好，并设置明显标志。仓库及易燃易爆粉尘和气体场所使用防爆灯具。

5. 木刨花、实验剩余物应及时清出，放在指定地点。

6. 易燃易爆，化学物品必须专人保管，保管员要详细核对产品名称、规格、牌号、质量、数量、查清危险性质。遇有包装不良、质量异变、标号不符合等情况，应及时进行安全处理。

7. 忌水、忌沫、忌晒的化学危险品，不准在露天、低温、高温处存放。容器包装要密闭，完整无损。

8. 易燃易爆化学危险品库房周围严禁吸烟和明火作业。库房内物品应保持一定的间距。

9. 凡用玻璃容器盛装的化学危险品，必须采用木箱搬运。严防撞击、振动、摩擦、重压和倾斜。

10. 进行定期和不定期的安全检查，查出隐患，要及时整改和上报。如发现不安全的紧急情况，应先停止工作，再报有关部门研究处理。

第 5 节　道路工程新设备

3.5.1　沥青路面再生设备

1. 移动式厂拌冷再生设备

下面介绍高远圣工 GYCBL200 型移动式厂拌冷再生设备，其采用机、电、液相结合，所有物料均经过自动精准计量，保证产出的混合料达到预定效能，技术性能先进，使用性能可靠。其设备特点如下：

1）超强的动力系统

整机采用电—液驱动相结合的方式，自动工作循环和自动过载保护、在同等输出功率下，液压传动装置的体积小、转动惯量小、运动平稳；总装机容量为 145kW，发电机组或施工现场电源由客户自由选择；液压驱动动力 110kW，主机电气采用了软启动技术，启动、停止平稳，可靠安全，动力分配恒定。

2）大容积料斗，振动器保证筛分质量

GYCBL200 型移动式厂拌冷再生设备（图 3-7）采用 12m^3 双料斗，合理装料高度（2900mm）、宽度（3710mm），最大限度降低装料劳动强度；机械料门手动粗调出料量，在新、旧料配比不变的条件下，料门高度不变；新、旧集料仓分别设置有振动器，保证下料畅通；新、旧集料仓上方配置了 60mm 方孔筛网，两振动器保证筛分质量及速度，液压控制可旋转（举降）方孔筛网，减轻劳动者强度，提高生产效率。

图 3-7　GYCBL200 型移动式厂拌冷再生设备

3）高精度计量，卓越的生产性能

采用彩色液晶触摸式人机界面，在线反馈控制，适时显示整机主要技术、工作参数，根据不同的施工需要输入配料比例参数，自动配比，可实现智能化控制；配料过程中自动称量骨料添加量，主控面板显示实际瞬时流量、累计总量，可根据要求输入理论添加比例自动配料，计量精度不大于 0.5%；完成集料仓至搅拌器输送及新料＋旧料的配比量，采用电动机调频驱动，自动或手动主控面板调节转速；宽平皮带输送骨料，输送量可以达到 200t/h。

图 3-8　冷再生技术使用设备

图 3-9　热再生技术使用设备

2. 移动式热再生设备

再生沥青混合料设备是将旧的路面铣刨下来的粒料，加上新粒料，通过调整级配，重新生产出可应用于公路建设底层或中层的再生沥青混合料所需的专用设备。将铣刨下来的旧料与新沥青混合料或添加再生剂搅拌均匀后，使其恢复原有性能以满足路面使用要求，重新作为道路面层铺设之用。这种再生方法的应用在国际路面工程界已有二十余年历史，积累了丰富的经验，充分验证了再生沥青混合料路面同样可达到传统路面的品质。

将铣刨料的再生利用对环保、能源、资源的保护和再利用都有着深远的意义。

1）原理：该设备采用双烘干筒加热再生处理方式（新粒料高温加热，再生料在另一个烘干筒内加热后，共同在拌合楼内一起搅拌均匀）。其铣刨料的添加量达到50％左右。

2）特点：

①可以处理沥青混合料路面的所有损坏问题；

②可以作为路面结构上的加强处理；

③混合料质量控制容易实现；

④放射性龟裂问题可以解决；

⑤改善路面平坦性；

⑥改善路面抗滑性。

3.5.2　改性沥青设备

1. 改性沥青设备主要组成

设备主要由基质沥青泵、两台计量混合罐、高剪切胶体磨、高黏度沥青泵、成品罐、SBS添加剂提升机、电气及微机控制系统、电控气动蝶阀、管道和阀门等组成。

2. 改性沥青设备主要特点

利用高剪切胶体磨的二级定、转子对物料进行高速、剧烈地液力剪切，离心挤压、撞击和研磨来完成物料的连续分散、乳化及粉碎。

结构简单、体积小、噪声低、运行平稳，不需研磨介质。

微机控制系统采用触摸式微机，直观、可靠。

基质沥青、SBS添加剂及稳定剂的称重计量；计量混合罐搅拌器的控制；计量混合罐的沥青添加，由微机系统来完成。整个生产过程实现自动化。

3. 改性沥青设备主要参数，见表3-2所列

改性沥青设备主要参数　　　　　　　　　　　　表3-2

型号：SBSGL-20	总装机容量：150kW
生产能力：20t/h	基质沥青计量精度：±0.3％
聚合物最小粒径：0.1μm	改性剂计量精度：±0.3％
混合料通过率：100％	稳定剂计量精度：±0.3％
改性沥青温度：160～200℃	控制方式：触摸式微机智能控制

3.5.3　水泥混凝土路面施工设备

轨模式摊铺设备

轨模式摊铺机是由摊铺机、整面机、修光机等组成的摊铺列车，如图3-10所示。施工时，可铺筑好一条行车带使列车在轨模上通过。轨模既是列车的行驶轨道，又是水泥混凝土的模板。摊铺机上装有摊铺器（又称布料器）用来将倾卸在路基上的水泥混凝土按一定的厚度均匀地摊铺在路基上。摊铺机在摊铺混凝土时，轨模是固定不动的。

图 3-10　轨模式摊铺机

轨模式摊铺机结构简单，但在摊铺作业中铺设和调整轨道十分不便。

国产 C-450 型轨模式摊铺机系整机式，由大车主桁架、支腿、小车工作装置和拱度调节机构组成。工作装置为右螺旋叶片、整平滚筒和浮动拖板。小车工作装置在大车主桁架内自动来回运行进行作业，完成摊铺、振捣、压实、平整、光面成形等工序。整机可用汽车牵引转移。

第 6 节　桥梁工程新设备

3.6.1　移动模架造桥机

移动模架造桥机是一种利用承台或墩柱作为支承，承重梁上自带模板，并能纵（横）移动，实现对桥梁整跨进行现场浇筑的施工机械。其主要特点：施工质量好、施工操作简便和成本低廉等。在国外，已广泛地被采用在公路桥、铁路桥的连续梁施工中，是较为先进的施工方法。国内已开始在高速公路、铁路客运专线上使用。

1. 移动模架造桥机组成

移动模架造桥机主要由支腿机构、支承桁梁、内外模板、主梁提升机构等组成。可完成由移动支架到浇筑成型等一系列施工。

移动模架造桥机分上行式和下行式两种，如图 3-11 所示。我国采用下行式为多。其

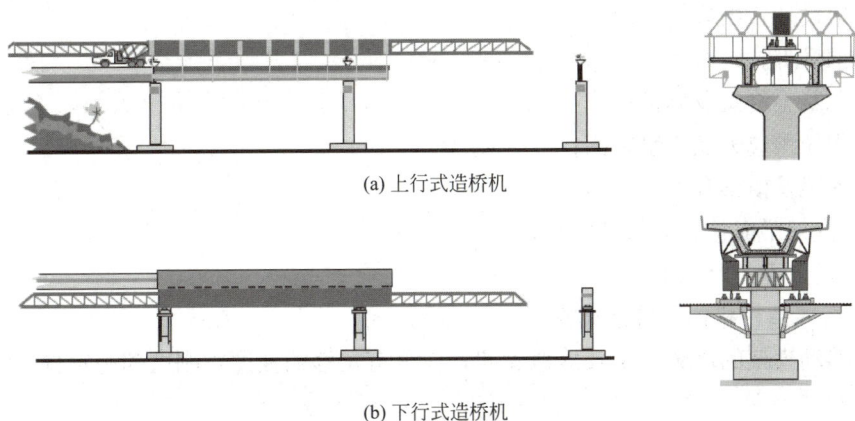

(a) 上行式造桥机

(b) 下行式造桥机

图 3-11　移动模架造桥机形式

架设步骤如图 3-12 所示。

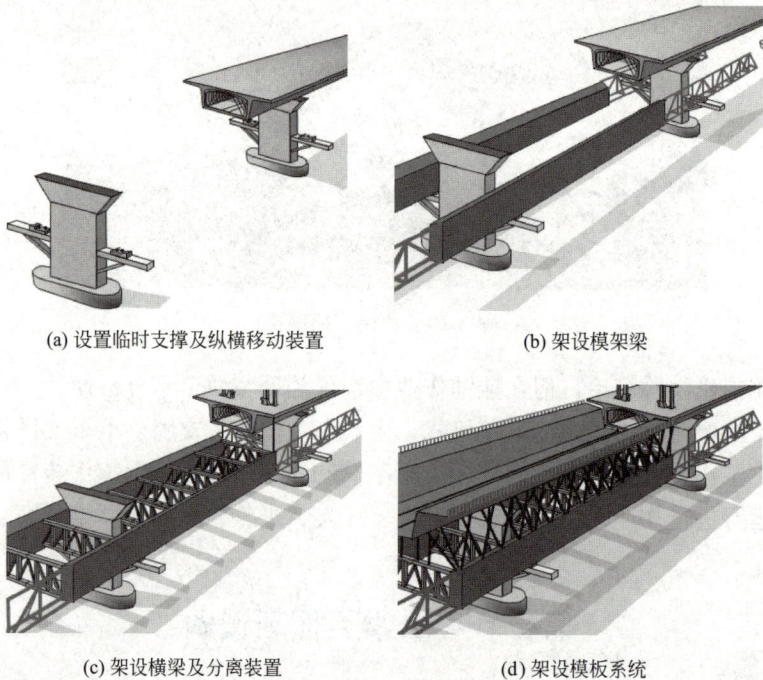

(a) 设置临时支撑及纵横移动装置

(b) 架设模架梁

(c) 架设横梁及分离装置

(d) 架设模板系统

图 3-12 下行式移动模架设备

为了将接头设置在受力小的部位，连续梁施工中首跨一般为标准跨径 L 的 80%，其余每跨均为 L。每次浇筑一个标准跨径，接头在距离中间支墩 $0.2L$ 处。

2. 下行式移动模架施工工艺流程包括

(1) 牛腿设置；

(2) 纵横移动及落梁装置架设；

(3) 架设双模架梁；

(4) 设置横梁及分解拆装装置；

(5) 架设外、内模板系统；

(6) 钢筋绑扎；

(7) 混凝土浇筑及养护；

(8) 张拉预应力及压浆锚固；

(9) 落梁及横梁分离；

(10) 模架梁横移、纵移及内收；

(11) 进入下一跨施工。

3. 下行式造桥机的组装及要求

(1) 移动模架的墩旁托架及落地支架，应具有足够的强度，刚度和稳定性，基础必须坚实稳固。

(2) 用于整孔制梁的移动模架和用于移动过跨作业的鼻架每次拼装前，必须对各零部件的完好情况进行检查。拼装完毕，均应进行全面检查和试验，符合设计要求后方可投入使用。

（3）用于模架移动过跨作业的鼻架纵向前移的抗倾覆稳定系数不得小于1.5。

（4）移动模架和用于节段拼装的移动支架，（湿接缝和干接缝）前移时应对桥墩及临时墩主桁梁采用稳定措施，其滑道应具有足够的强度、刚度和长度、宽度。

（5）牛腿的组装：牛腿为钢箱梁形式，吊装牛腿时在牛腿顶面用水准仪抄平，以便使推进平车在牛腿顶面上顺利滑移。

（6）主梁安装：主梁在桥下组装，根据现场起吊能力可采用搭设临时支架将主梁分段吊装在牛腿和支架上，组成整体后拆除临时支架；也可将全部主梁组装完成后用大吨位吊机整体吊装就位。

（7）横梁及外模板的拼装：主梁拼装完毕后，接着拼装横梁，待横梁全部安装完成后，主梁在液压系统作用下，横桥向、顺桥向依次准确就位。在墩中心放出桥轴线，按桥轴线方向调整横梁，并用销子连接好。然后铺设底板和外腹板、肋板及翼缘板。

（8）模板拼装顺序：移动支撑系统按如下工序进行拼装：牛腿的组装，主梁的组装及有关施工设备、机具的就位→牛腿的安装→主梁吊装、同步横移合龙→横梁安装→铺设底板、安装模板支架→安装外腹板及翼缘板、底板→内模安装（在绑扎钢筋后）。

3.6.2 挂篮

挂篮设备用于悬臂施工中，通常用于连续梁、连续刚构、T构和斜拉桥等桥型施工。

1. 挂篮的分类

挂篮分为悬臂浇筑和悬臂拼装两种。挂篮的形式一般有三角形（图3-13a）、菱形（图3-13b）等。

(a) 挂篮悬臂浇筑   (b) 挂篮悬臂拼装

图3-13 挂篮形式

2. 挂篮的组成

挂篮的组成（图3-14）包括：

（1）轨道行走系统；

（2）悬挂系统；

（3）模板系统；

（4）操作平台。

3.6.3 架桥机设备

架桥机就是将预制好的梁片放置到预制好的桥墩上去的设备。架桥机属于起重机范畴，因为其主要功能是将梁片提起，然后运送到位置后放下。但其与一般意义上的起重机有很大的不同。其要求的条件苛刻，并且存在梁片上走行，或者叫纵移。架桥机分为架设公路桥，常规铁路桥，客专铁路桥等几种。

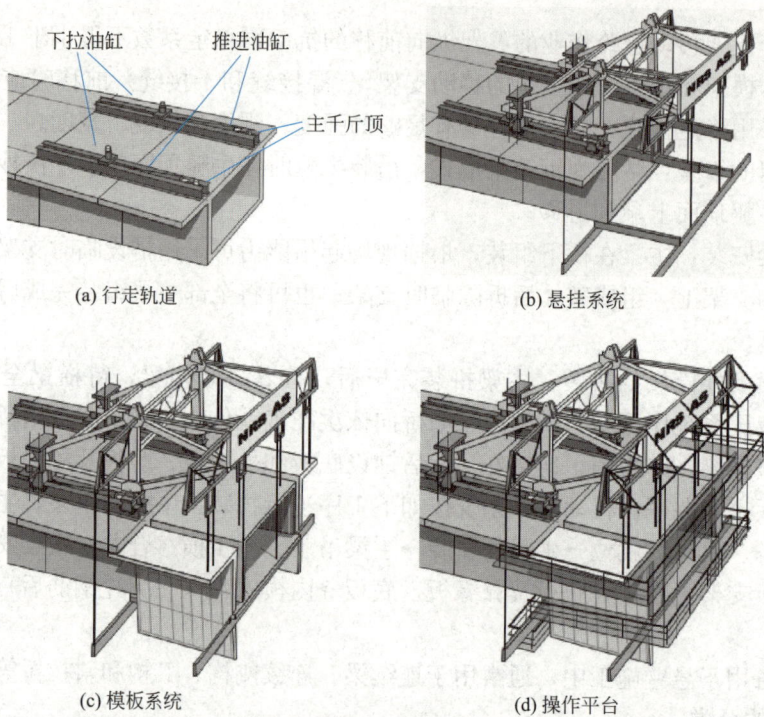

下拉油缸　　推进油缸

主千斤顶

(a) 行走轨道

(b) 悬挂系统

(c) 模板系统

(d) 操作平台

图 3-14　挂篮及其组成

中国常备的架桥机有四种：单梁式架桥机、双悬臂式架桥机、双梁式架桥机和联合架桥机。多用来分片架设钢筋或预应力混凝土梁。

1. 单梁式架桥机

吊臂为一箱形梁，向前悬伸，在其前端有一能折叠的立柱（由左右两脚杆组成）。该机可在空载状态下自行驶入桥位，再将前立柱伸直，支在前方桥墩上。架桥时，该机可在空载状态下自行驶入桥位，须先将梁片利用特制龙门吊机从铁路平板车上转移到特制运梁车上，再将此运梁车和架桥机后端对位，用行驶在架桥机吊臂上的两台吊梁小车将梁片吊起，沿吊臂前行，到达桥位落梁，如图 3-15 所示。

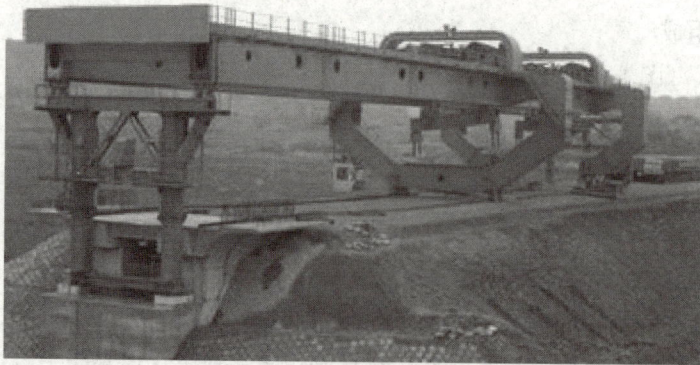

图 3-15　单梁式架桥机

2. 双悬臂式架桥机

这类架桥机前后臂都用钢板梁，不能自行，需用机车顶推，如图 3-16 所示。其前臂用来吊梁，后臂吊平衡重，前后臂都不能在水平面内摆动。架桥时，常须用特制 80t 小平车将梁片运到架桥机前臂的吊钩之下（称为"喂梁"）才能起吊；为使调车作业方便，需在桥头铺设岔线。架桥机将梁吊起后，轴重增大，而桥头的新建路堤比较松软，因此，对架桥机吊梁行车地段必须采取加固措施，如用重车压道，加插轨枕等。

图 3-16　双悬臂式架桥机

3. 双梁式架桥机

吊臂由左右两条箱梁组成，两箱梁贯通机身并向前后端伸出。在两端都有各由两腿杆组成的折叠立柱。横跨两条箱梁有两台桁车，能沿吊臂纵向行驶。吊梁小车置于桁车上，能沿桁车横向行驶。待架的梁片（或整梁）可用铁路平板车直接送到架桥机的后臂之下，用吊梁小车起吊后，凭桁车前移，再以吊梁小车横移，然后落梁就位。这类架桥机的前后端都可吊梁及落梁；改变架梁方向时，不需要调头；为适应曲线架梁，前后臂都可在水平面内摆动；分片架设时不必移梁或拨道，梁即可就位；"喂梁"也不需要桥头岔线或特制运梁车，如图 3-17 所示。

(a) Df900 型架桥机　　　　(b) WJQ 架桥机

图 3-17　双梁式架桥机

4. 联合架桥机

PP75 型架桥机（见图 3-18），具有三向调坡的起重天车（见图 3-19）、液压系统（见图 3-20）前移过跨等功能。该型架桥机成功地应用于苏通大桥引桥 5m×75m 跨连续梁桥节段对称悬臂拼装施工。

图 3-18　PP75 型架桥机

图 3-19　三向调坡的起重天车

(a)

(b)

图 3-20　液压系统前移过跨

PP75 型架桥机主要技术性能参数见表 3-3 所列。

PP75 型架桥机主要技术性能参数表　　　　表 3-3

序号	项　目	指标
1	架设跨径（最小/最大）（m）	50/75
2	整机工作级别	A4
3	工作纵坡（横坡）（%）	3（2）
4	工作最小平曲线半径（m）	2500
5	最大起重量（不含 10t 吊具）（t）	180
6	起重天车横向调整距离（m）	±0.7
7	变幅（从一幅至另一幅）距离（m）	18
8	变幅（从一幅至另一幅）速度（m·s^{-1}）	0.5
9	整机纵向移动速度（m·s^{-1}）	0～1
10	纵、横移最大风力条件（m·s^{-1}）	≤16
11	吊具旋转角度（°）	360
12	横向（纵向）调整度（%）	4
13	最大悬挂重量（9 节段共计，未计吊具）（t）	1110
14	喂梁方式	从水面提升和桥面上尾部喂梁
15	整机动力条件	三相四线，约 550kW
16	主梁数量	2
17	主梁长度（m）	170
18	整机重量（t）	1080

3.6.4　桥梁转体设备

为了实现桥梁转体，需要将承台分为上、下承台，以构成上、下转盘，上、下盘间需预埋球铰、滑道、撑脚、牵引钢绞线、承台外设置牵引反力座及助推反力座，如图 3-21 所示。配套设备包括连续千斤顶、助推千斤顶、砂箱等。

（1）球铰

球铰由上球铰、聚四氟乙烯板、下球铰、销轴和钢骨架组成，如图 3-22 所示。

图 3-21　转体系统组成

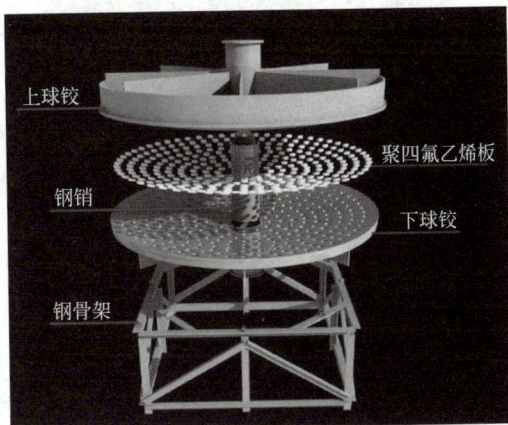

图 3-22　球铰组成

（2）滑道

滑道位于上承台下与下承台顶面平齐的环形平台，供施工和转体时撑脚、砂箱临时支撑用，平台顶应平整，与撑脚间的摩擦力应足够小。

（3）撑脚

撑脚为沿两个圆柱一组、滑道周向均匀布置的柱状金属筒状结构，其高度比上下盘间距低 20mm 左右。在转动体结构施工时，底部垫砂，起辅助支撑作用；准备转体前，清除撑脚底部的砂层，当转体发生倾斜时，一侧撑脚着地，阻止转动体进一步倾斜，以保证上部转体的结构稳定。转体辅助系统，如图 3-23 所示。

（4）牵引钢绞线

在上承台施工时提前预埋，并缠绕在上承台侧表面。转体时，牵引钢绞线带动转动体转动。

（5）牵引反力座

在下承台顶部设两个牵引反力座，高 180cm，宽 120cm，长 150cm。在转体时，作为牵引千斤顶的后座和操作平台。

（6）助推反力座

在滑道两侧设 6 对助推反力座，高 30cm，厚度 40cm，主要作用是当球铰失灵或牵引力不足时，利用助推千斤顶强制或辅助转体。

（7）砂箱

砂箱为两个上下相扣的筒体，下筒底侧设有螺栓孔，用于卸载。砂筒内部充满砂，经预压后的高度同上下盘间高差，砂箱沿滑道四周均匀且与撑脚交叉布设。在转动体结构施

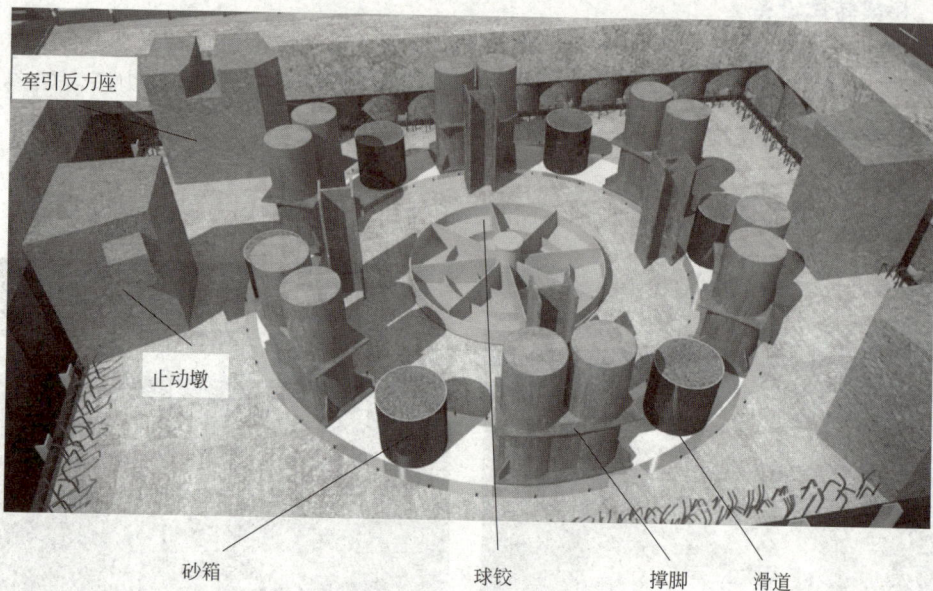

图 3-23　转体辅助系统

工时，砂箱起辅助支撑作用；准备转体前，拧开螺栓排砂后，撤离滑道。

（8）止动墩

事先按转体角度大小在下盘外侧设置止动墩，在上盘外侧止动挡块，以防转体超转。

（9）称重系统

在转体实施前，应对转动桥墩两侧的梁体荷载及关于转动轴的不平衡力矩进行量测，俗称称重。称重是利用布置在距离转动中心两侧一定距离的千斤顶加力后测定顶升力与竖向位移的关系曲线，判定球铰间由静摩擦到动摩擦的临界值，可以将 M-f 曲线近似拟合成两段折线，两直线的交点对应的 M 即为临界力矩（图 3-24）。根据左右两侧临界值的差值大小，即可确定是否需要配重，以减小或消除不平衡力矩，以保证转体顺利进行。

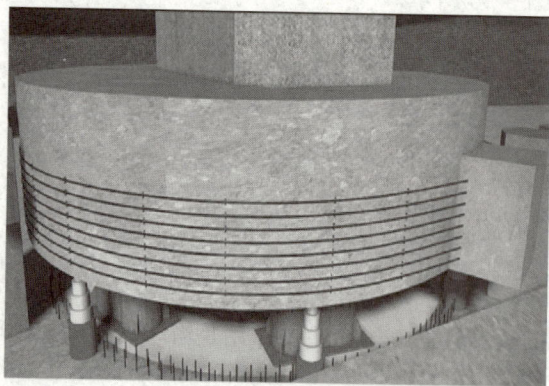

(a) 称重试验

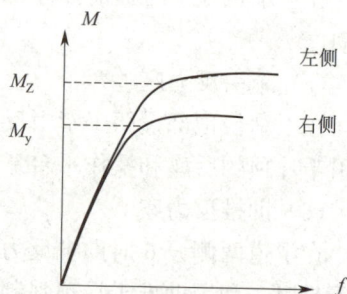

(b) M-f 试验曲线

图 3-24　称重试验及试验曲线

3.6.5　智能步履式顶推系统

1. 系统组成

智能式步履式顶推系统由机械系统、液压系统和电控系统组成，如图 3-25 所示。

机械系统　　　　　液压系统　　　　　电控系统

图 3-25　智能式步履式顶推系统

2. 机械系统

（1）顶推机械系统组成

顶推机械系统由滑移座构、顶升支撑油缸、纵向顶推油缸、横向调整油缸、底座组成，通过计算机控制实现桥梁竖向顶升、纵向滑移和横向纠偏的顶推施工过程，如图 3-26 所示。

滑移座构　　　　　顶升支撑油缸　　　纵向顶推油缸　　　横向调整油缸　　　底座

图 3-26　顶推系统的组成

（2）外形尺寸和质量

单台设备长 2.5m，宽 70cm，高 90cm，重 3500kg。

（3）单台设备顶升力

单台设备竖向顶升力 10000kN、纵向顶升力 1200kN、横向纠偏力 1200kN。

（4）大单元组合机械系统

两台设备及垫梁组合成一个单元，如图 3-27 所示。

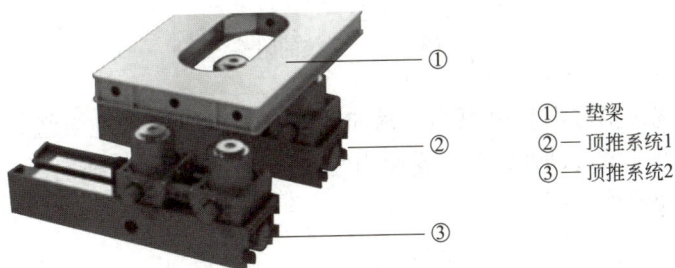

①——垫梁
②——顶推系统1
③——顶推系统2

图 3-27　大单元组合机械系统

3. 液压系统

液压系统泵站采用集成电路组装，系统由三个液压系统、液压油箱、液位计、空气滤清器和回油过滤器、电接点温度计和风冷却器等组成，如图 3-28～图 3-30 所示。

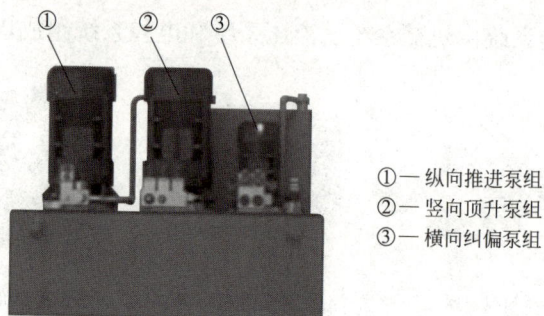

①—纵向推进泵组
②—竖向顶升泵组
③—横向纠偏泵组

图 3-28　系统的三个泵组

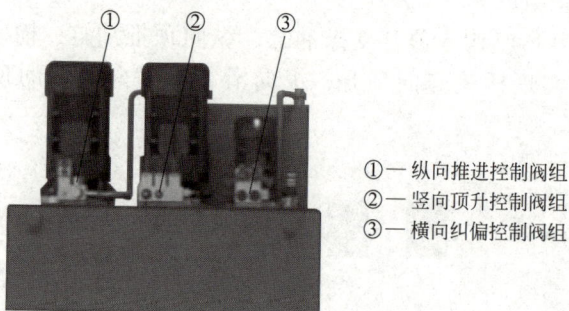

①—纵向推进控制阀组
②—竖向顶升控制阀组
③—横向纠偏控制阀组

图 3-29　系统的三个控制阀组

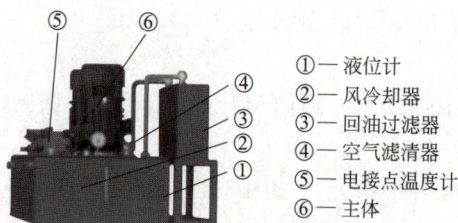

①—液位计
②—风冷却器
③—回油过滤器
④—空气滤清器
⑤—电接点温度计
⑥—主体

图 3-30　系统的附件

三个液压系统包括竖向顶升泵组、横向纠偏泵组、纵向推进泵组，分别实现竖向顶升、横向纠偏和纵向推进动作。三个泵组由竖向顶升控制阀组、横向纠偏控制阀组、纵向推进控制阀组实现动作控制。

4. 电控系统

电控系统由主控电源和三位机，控制主泵站、三位油缸和控制阀组成，主泵站可调节系统压力，手动或自动控制各终端的压力参数。通过各种传感器得出相应参数，并适时调节，如图 3-31、图 3-32 所示。

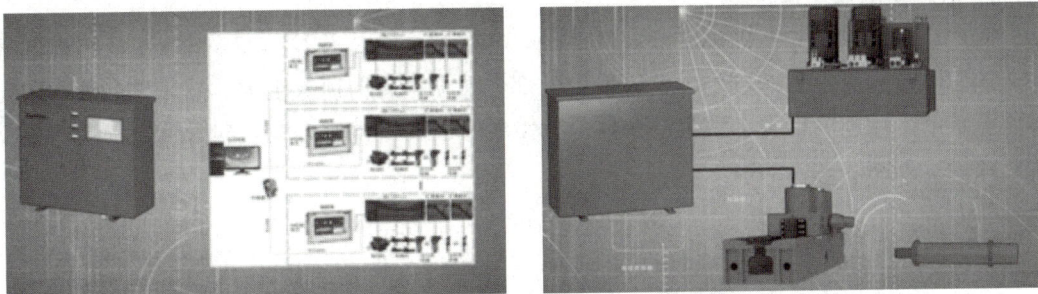

图 3-31　电控系统的控制示意图

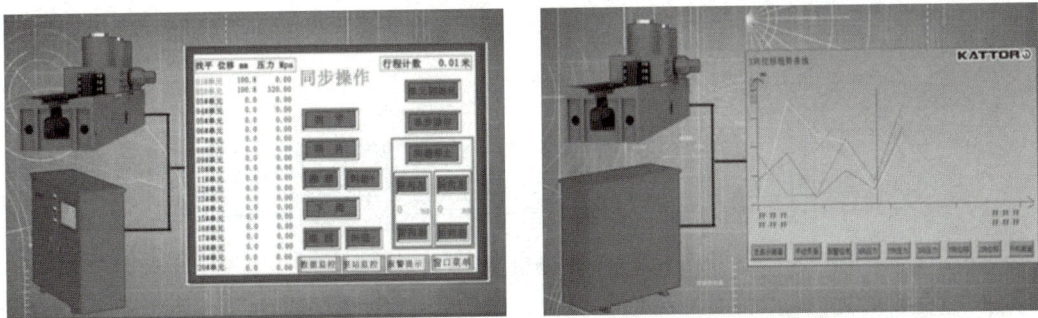

图 3-32　电控系统的参数显示界面及参数动态曲线

第 7 节　隧道及管道工程新设备

3.7.1　盾构设备

盾构法广泛应用于铁路隧道、地下铁道、地下隧道、水下隧道、水工隧洞、城市地下管廊、地下给水排水管沟的修建工程。安装不同的掘进机构，盾构可在岩层、砂卵石层、密实砂层、黏土层、流砂层和淤泥层中掘进。在施工过程中应根据掘进地段的土质、施工段长度、地面情况、隧道形状、隧道用途、工期等因素确定盾构的形式。

1. 盾构施工的意义

盾构是不开槽施工时用于地下掘进和拼装衬砌的施工设备，使用盾构开挖隧道的方法就是盾构法。

盾构法施工的优点有：

（1）因施工中顶进的是盾构本身，故在同一土层中所需的顶力为一常数；

（2）盾构断面可以为任意形状，可成直线或曲线走向；

（3）在盾构设备的掩护下，进行土层开挖和衬砌，使施工操作安全；

（4）施工噪声小，不影响城市地面交通；

（5）盾构法进行水底施工时，不影响航道通航；

（6）施工中如严格控制正面超挖，加强衬砌背面空隙的填充，可有效地控制地表沉降。

因此，盾构法广泛用于城市建筑密集、交通繁忙、地下管线集中地段的地下管廊的施工。

2. 盾构法的施工原理

盾构法施工时，先在需施工地段的两端，各修建一个工作坑（又称竖井），然后将盾构从地面下放到起点工作坑中，首先借助外部千斤顶将盾构顶入土中，然后再借助盾构壳体内设置的千斤顶的推力，在地层中使盾构沿着管道的设计中心线，向管道另一端的接收坑中推进，如图 3-33 所示。

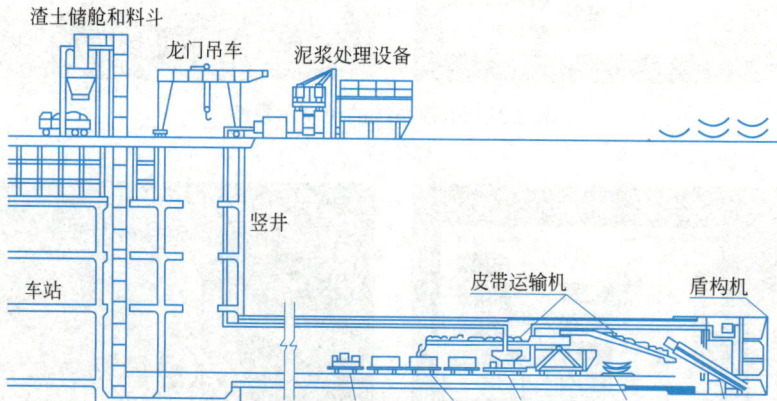

图 3-33　盾构施工与设备布置示意

3. 盾构设备的组成

盾构一般由掘进系统、推进系统、拼装衬砌系统和注浆系统四部分组成。

（1）掘进系统

按挖掘方式可分为：手工挖掘式、半机械式、机械式三大类；按工作面挡土方式可分为：敞开式、部分敞开式、密闭式；按气压和泥水加压方式可分为：气压式、泥水加压式、土压平衡式、加水式、高浓度泥水加压式、加泥式等，如图 3-34～图 3-36 所示。

①泥水平衡盾构（见图 3-36）是通过对平衡仓内超量加水以稳定开挖面的土压力和水压力，将盾构前方旋转刀盘切削下来的土沙通过与平衡仓内的泥浆混合，通过泥浆循环系统输送出洞外，再利用泥浆净化装置将混入泥浆的土沙变成干渣外弃，新鲜的泥浆通过循环系统回收再利用。

泥水平衡盾构施工的配套设备包括泥浆循环系统、泥浆净化设备。

图 3-34　盾构机及应用

②土压平衡盾构是将盾构前方旋转刀盘切削下来的土沙引入土仓，当土仓压力达到一定数值后，利用螺旋机（见图 3-37）出土到皮带输送机，皮带输送机再将土输送到编组列车上，然后运至始发井，再通过起吊设备运出洞外。

土压平衡盾构施工时一般隧道内需配置两组列车。一组列车由 3 节渣土车（18m³）+1 节管片车（15t）组成，另一组列车由 2 节渣土车（18m³）+1 节注浆车（8m³）+1 节管片车组成。两列列车编组满足一环掘进的出土与进料需要。但在始发段盾构配置为 1 组渣土列车和 1 组材料列车，以满足盾构始发时快速、匀速推进需要。

（2）推进系统

图 3-35　盾构机刀盘及钻头

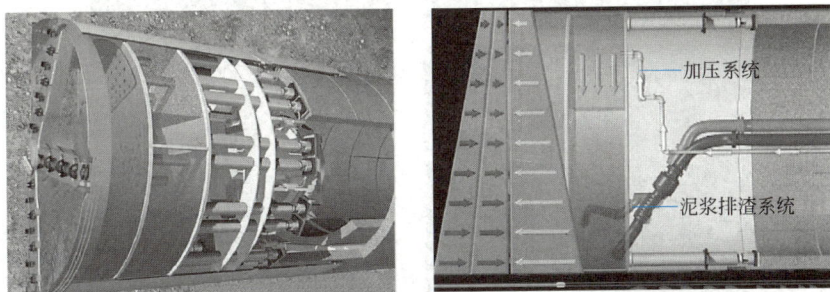

图 3-36　泥水平衡盾构机全貌

图 3-37　土压平衡盾构机旋转出渣加皮带输送

盾构施工过程中，利用均匀分布于盾尾的千斤顶顶托管片使机头向前进尺。为了防止管片受损，应在千斤顶顶压管片的着力点处加贴橡胶等柔性垫缓冲，以防应力集中。

（3）拼装衬砌系统

运输系统把预制厂生产的管片运进隧洞内，然后通过预设的管片拼装机械组拼成管节。首先管片间通过周向螺栓连接形成圆环，再通过纵向水平螺栓使前后环之间连成整体（见图 3-38），即隧洞。

为防止隧洞漏水，管片上预留槽口，安装前加垫密封条，拼装后形成柔性接触，以防漏水。

盾构推进过程中，应使各千斤顶受力均匀，也可通过调整千斤顶的顶力达到调整进尺方向。施工过程中，应通过视频等手段对盾构运行参数及运行姿态进行全程监控，以防偏位或扭转。如发现异常，应及时进行调整。

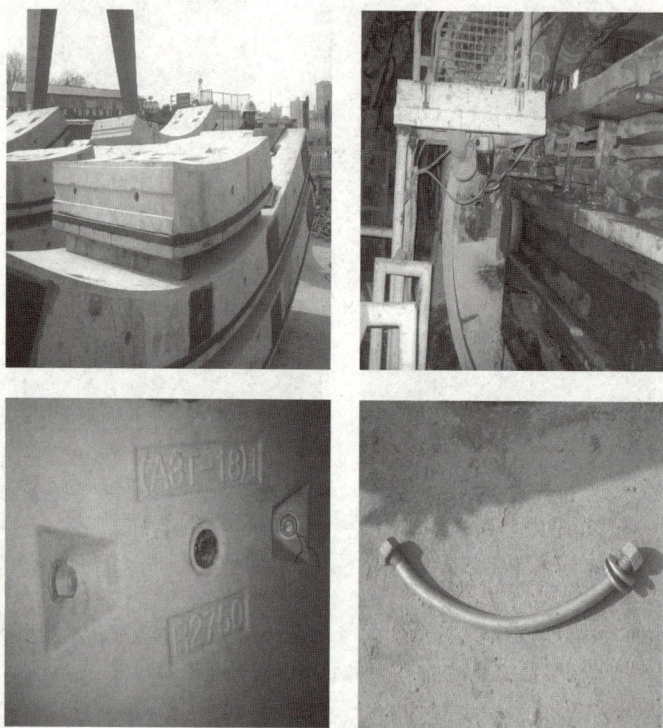

图 3-38　管片及拼装

（4）注浆系统

盾构的外壳直径要比隧洞直径大 200～300mm，当盾构进尺后，后方的管道外与围岩之间存在空隙，应通过及时压注水泥浆等，以确保管道与围岩形成整体受力。

通过运输系统把来自于管片预制厂生产的管片运进隧洞内，然后通过拼装机械组拼管节。管片间通过周向和纵向螺栓连接。

3.7.2　顶管设备

通常地下管线的埋设方式主要是开槽埋管，由于此方法需要经过管沟开挖、埋设管道、土方回填等工序，对地面交通等影响较大。为防止出现拉链马路，目前研究出不开槽埋管施工方法，具体有顶管法、盾构法、浅埋暗挖法、地表水平定向钻法等，下面介绍顶管施工工艺和设备。

1. 顶管原理

顶管是借助于顶推装置，将预制管节顶入土中的地下管道不开槽施工方法，如图 3-39 所示。它广泛应用于排水管道、上水管道、天然气管道、电力管道、热力管道、输油管道等。

2. 管材

顶管的管材有钢管、钢筋混凝土管、玻璃钢夹砂管、聚合物混凝土管、陶瓷管及铸铁管等，如图 3-40 所示。

3. 顶管的发展

1896 年美国最早完成穿越北太平洋铁路铺设管道的施工；1948 年日本穿越尼崎市铁路，ϕ600 铸铁管，顶距 6m；1953 年我国北京市首次顶管穿越铁路（钢筋混凝土管）；

(800～3000mm)

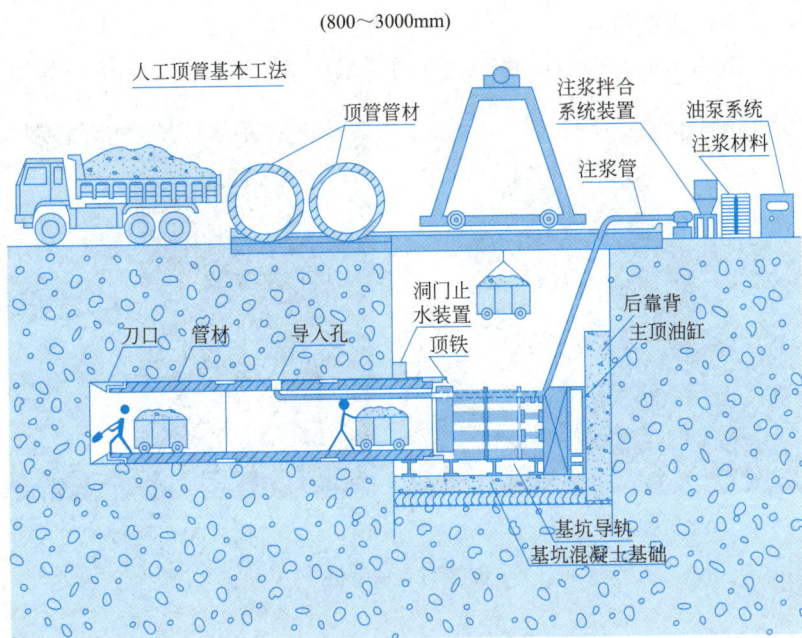

图 3-39 顶管示意图

(a) 钢管　　　　　　　(b) 钢筋混凝土管　　　　　　(c) 玻璃夹砂管

图 3-40 顶管管材

1984 年上海市政公司、南京市政工程公司分别从日本引进了 $DN800$、$DN600$ 偏压破碎型泥水平衡顶管设备，用于南京内秦淮河整治。

1994 年，荷兰采用 $DN3000$ 钢筋混凝土管，单向顶进长度 2535m，为世界上最长的混凝土顶管。目前世界上顶管管道最大口径是 $DN4400$（德国），顶管技术公认最先进的国家是德国、日本。

4. 顶管主要配套设备及组成

（1）工作井：工作平台、洞口止水圈、扶梯、集水井、后靠背、基础与导轨；

（2）推进系统：主顶装置、顶铁、顶管机、顶进管节、中继间；

（3）注浆系统：拌浆设备、注浆泵、管道；

（4）定位纠偏系统：测量设备、纠偏装置；

（5）辅助系统：输土设备、起吊设备、辅助施工、供电照明、通风换气。

5. 顶管机

顶管的核心设备是顶管机，又称工具管。与盾构设备类似，工具管按原理分为泥水平衡式、土压平衡式和气压平衡式等，对地下水位低、土质较好，直径超过 $\phi 800$ 的顶管可以采用人工顶管，即人挖机顶。

　　顶管断面一般为圆形，但城市修建地下通道采用了矩形顶管。顶管机如图 3-41 所示。

(a) 圆形顶管机　　　　　　　　　　　　　　　(b) 矩形顶管机

图 3-41　顶管机

第4章 新技术、新工艺

第1节 道路工程新技术

4.1.1 道路路面现场再生技术

早在 1915 年美国就开始应用道路路面再生利用技术了。1974 年，美国开始大规模推广沥青路面再生技术。到 1985 年，美国全国再生沥青混合料的用量猛增至 2 亿 t，几乎是全部路用沥青混合料的一半。日本从 1976 年到现在，路面废料再生利用率已超过 70%。西欧国家也十分重视这项技术，德国是最早将再生料应用于高速公路路面养护的国家之一，1978 年已将全部废弃沥青路面材料加以回收利用。目前，欧美国家先后出版了沥青混合料废料再生利用的一系列指南、手册和规范，经过多年实践已经形成了一整套比较完善的再生实用技术，并且达到了规范化和标准化的成熟程度。我国在 20 世纪 70 年代，一些养护部门开始尝试废沥青混合料的再生利用。20 世纪 80 年代中期，苏州、南京、武汉、天津四个城市率先对沥青混合料再生利用技术进行了试验研究和推广工作，取得了一定的成果。目前，我国高速公路通车里程达 13 万 km，有限的沥青、砂石等筑路材料被源源不断地开发利用，随着道路专项工程和大修工程的开展，需要消耗更多的筑路材料，同时各种道路废料也对生态环境造成了极大污染。

1. 路面现场冷再生技术介绍

（1）路面现场冷再生技术的原理

沥青路面的现场冷再生是指利用旧沥青路面材料以及部分基层材料进行现场破碎加工，并根据级配需要加入一定量的新集料，同时加入一定剂量再生剂和适量的水，根据基层材料的试验方法确定出最佳的再生剂用量和含水量，从而得到混合料现场配合比，在自然的环境温度下连续完成材料的铣刨、破碎、添加、拌合、摊铺及压实成型的作业过程，重新形成面结构层的一种工艺方法。再生后，加铺沥青混凝土面层或作封层处理。

（2）路面现场冷再生的分类

目前常用的路面现场的再生技术有就地冷再生作半刚性基层和就地冷再生作柔性基层。

就地冷再生作半刚性基层，是利用原有沥青路面的材料，包括路面材料和部分基层材料进行破碎加工，需要时加入部分骨料或细集料，按一定比例加入一定量添加剂和适量的水，在自然温度环境下连续完成材料的铣刨、破碎、添加、拌合、摊铺以及压实的作业过程，重新形成结构层的一种工艺方法，通常作为路面基层使用。

就地冷再生作柔性基层，是在上述冷再生半刚性基层工艺的基础上另外采用泡沫沥青作为添加剂，以改善其结构性能。泡沫沥青又叫膨胀沥青，是将一定的常温水注入热沥青，使其发生膨胀，形成大量的沥青泡沫，经过很短的时间，沥青泡沫破裂。当泡沫沥青与集料接触时，沥青泡沫瞬间化为数以万计的小颗粒，散布于细集料的表面，形成粘有大量沥青的填缝料，经过拌合压实，这些细料能填充于粗料之间的空隙，并形成类似砂浆的作用，使混合料达到稳定，也将半刚性路面结构转为半柔性结构。

（3）路面现场冷再生技术优点

1）简化施工工序，充分利用旧路面废料，减少新材料使用数量，减少生态破坏和环境污染。

2）可以修补各种类型的路面损坏。

3）可以改善原有路面的几何形状和路面横坡。

4）可以提高路面承载能力。

5）铣刨、破碎、添加、拌合、摊铺及压实可以一次完成，缩短工期，避免了交通中断，提高了施工效率。

6）可以同时对面层（沥青或无筋混凝土）、基层进行破碎，保证了路基、路面结构的连续性和完整性。

7）旧路面再生检测符合要求后可作为基层，加铺罩面后即可恢复路面功能及路面等级。

8）可以降低工程费用。

（4）常用冷再生方式

目前采用较多的就地冷再生方式有泡沫沥青、乳化沥青及水泥类就地冷再生等，现对泡沫沥青和乳化沥青就地冷再生技术作简单介绍。

1）泡沫沥青就地冷再生技术

泡沫沥青又叫膨胀沥青，是将一定的水（通常为沥青质量的 $1\%\sim2\%$）注入热沥青使其体积发生膨胀，形成大量的沥青泡沫，经过很短的时间，沥青泡沫破裂。这一过程只是沥青的物理变化。在发泡的过程中，沥青的黏度显著降低，从而对高速搅拌状态下的冷湿集料具有很好的裹覆性能，而且这种裹覆作用在常温下只针对集料，当泡沫沥青与集料接触时，沥青泡沫瞬间化为无数的"小颗粒"，散布于细粒料（特别是粒径小于 0.075mm 的细粒料）的表面，形成粘有大量沥青的细料填缝料，经过拌合、压实，这些细料能填充于湿冷粗料之间的空隙并形成类似砂浆的作用，使混合料达到稳定。

泡沫沥青再生混合料更具柔性，耐疲劳，抗剪切，水稳性好，节约能源，仅需加热沥青，集料不需加热和烘干，存放时间较长，施工受季节和气候影响小。

泡沫沥青就地冷再生的施工工序为对既有路面进行铣刨，破碎泡沫沥青产生后直接喷洒在再生机的拌合罩壳内与路面材料充分拌合然后摊铺、压实成型并进行表面处理。

2）乳化沥青就地冷再生技术

乳化沥青就地冷再生是利用现有旧路材料面层或部分基层，根据设计级配确定加入部分新骨料，并按比例加入一定量的乳化沥青和化学稳定剂（水泥、粉煤灰或石灰等），在自然环境温度下完成乳化沥青和水的喷洒、旧路的铣刨和拌合、再生料的提升、摊铺及碾压成型的连续作业过程。

乳化沥青就地冷再生具备众多优点。乳化沥青具有无毒、无臭、不易燃烧、生产工艺简单、原料价廉易得、便于冷施工等特点。另外乳化沥青中沥青微粒带有电荷，与带有相反电荷的骨料微粒能牢固吸附，并均匀地分布在骨料表面。在骨料上形成沥青膜时，矿料之间保持了足够的结构沥青和适量的自由沥青，粘结牢固，提高了路面的稳定性、耐磨性，在冬季和夏季都能保持良好的路况。由于乳化沥青在常温下呈液态，采用乳化沥青冷再生时不需要将沥青加热熔化，矿料也不需要对沥青反复加热和持续加温，既节省了大量的燃料，也有效地防止了沥青的高温老化，改善了施工条件，减少了环境污染。

乳化沥青冷再生的施工工序为：再生机铣刨装置铣刨旧路面至规定深度并予以破碎；喷洒设备按照配比设计要求喷入适量的乳化沥青；同时，再生机将各种材料（旧路材料、新添加集料、水泥等）搅拌均匀；经过分料螺旋在再生宽度范围内均匀分料；再经熨平装置熨平；最后经压路机碾压成型。

（5）冷再生施工方案与工艺

冷再生机施工工艺流程：旧路面放线、清理→铺放撒布细集料及添加剂外加材料→冷再生机及配备水车就位→旧路面破碎拌合→整平碾压→接缝和掉头处的处理→成型养生。

1）前期准备

①原路面清扫、处理。如果维修段路面原始标高在改造设计标高的允许范围内，基层冷再生施工前应将其清扫干净，路面铺筑过程中防止杂物混入混合料中影响冷再生基层的施工质量；如果路面原始标高超过改造设计标高范围较大，可将高出的部分刨出填入道路坑槽、沉陷低处等地方，路面标高调整完毕并清扫干净后方可进行再生施工。

②放样。根据道路改造设计计算的混合料用量，计算出维修路段内路面上的混合料松铺层厚度，并放出相应的路面中线和边缘控制线，以及机械作业每幅的施工宽度边缘控制线和高程控制点。

③撒布细集料及添加剂外加材料。根据设计再生层厚度计算每平方用量，将细集料及添加剂（如石屑、水泥）运至现场，根据单位用量画出方格网，按控制网格撒布，并用刮板将其均匀刮平；或计算出单位厚度和用量用摊铺机及撒布车均匀布设。摊铺路段进度以够次日再生任务为宜，同时水及材料供应要准备到位，略有富余为原则，运输水泥车辆要有防雨设施。

④冷再生机组就位。使用推杆连接再生机组，并连接所有与再生机相连的管道，检查再生机操作人员是否已将有关的施工数据输入计算机，检查水车水量是否充足，检查再生路段内的导向标志是否明显。排除系统中的所有空气并确保所有阀门均处于全开度位置。同时对再生施工中所需要的其他机械设备进行全面的检查及准备。

2）旧路面破碎拌合

①以 Wirtgen WR2500s 冷拌再生机为例，该机最大工作宽度为 250cm，最大拌合深度 40cm，能保证连续拌合，具有很高的生产率，能精确控制铺筑厚度。

②每次再生的长度以保证水泥初凝前后续作业能全部完成为宜，施工条件较好时，再生的长度尽可能长些，以减少横向接缝，一次再生的长度一般以 150～250m 为宜。单刀作业完成后，由专人指挥倒车到起始工作位置，开始下一刀施工，如此循环，逐段全幅施工，每段再生结束后，应检查铣刨毂的刀架、刀头，发现损坏立即更换。

3）整平碾压

①根据路宽、压路机的轮宽和轮距，预先制订碾压方案，尽量使各部分碾压次数相同，路面的两侧应多压 2～3 遍。碾压分三阶段进行，第一阶段使用振动压路机，碾压原则先轻后重，自路边向路中依次碾压，碾压速度应控制在 1.5～1.7km/h，并注意错轴宽度并不漏压，碾压一遍后挂振碾压 2～3 遍。第二阶段使用三轮压路机，碾压原则要求同

前。第三阶段使用胶轮压路机碾压，碾压至密实度 $K \geqslant 97\%$（重型击实）。

②碾压应一次成型。尽可能缩短从加水拌和到碾压终了的延迟时间，此时间不应超过 3～4h，并应短于水泥的终凝时间。

③在再生机施工作业同时，其后紧跟一台单钢轮振动压路机进行初压，然后采用高幅低频进行压实 3～4 遍，压实遍数应足以保证再生层底部 2/3 厚度范围内的压实度达到规定要求，钢轮压路机的工作速度不得超过 3km/h。在每一施工段全幅初压完成后，立即用平地机整形。

④测量人员应及时根据设计纵断高程和横坡度，每 10m 为一断面分左中右测出高程，根据确定的松铺系数，人工找出基准点，高程不足时及时用平地机刮平。通过旧路整形达到"调坡""调拱"的目的，且保证平整度。

⑤碾压过程中，如有"弹簧"、松散、起皮等现象，应及时翻开重新拌合（加适量的水泥）或用其他方法处理，使其达到质量要求。经过拌合、整形的水泥稳定再生层，宜在水泥初凝前完成碾压，并达到要求的密实度，同时不得有明显的轮迹。

4）接缝和掉头处的处理

①纵向接缝的处理。纵向接缝重叠宽度以 10～15cm 为宜。路面材料越厚，重叠量越大；材料粒度越粗，重叠量越大。相邻两刀作业间隔12h 以上时，重叠量应适当增加。在施工时，应根据已建再生层的完成时间，适当减少纵向接缝处水的喷入量。同时纵向接缝的位置应尽量避开慢行、重型车辆的轮迹。相邻两次作业间隔时间 3h 以上时，重叠处应适当撒布水泥，小于 3h 时，重叠处不应撒布水泥。

②横向接缝的处理。再生机每一次下刀及提刀均形成横向接缝，下刀时接缝料产生堆积，提刀时产生坑槽，对所形成的横向接缝必须及时人工整平处理，施工中应尽量减少停机现象。同时应检查供水管，气体必须在水到达喷洒杆前排除，下刀同时即喷水，也便于冷却。

5）养护

碾压成型 4h 后（视气温情况），可以用潮湿的帆布、粗麻袋、无纺土工布等合适的潮湿材料覆盖。洒水车应匀速行驶，不准急停、掉头，要确保洒到基层表面的每个部位。在 7d 内禁止放行交通，全天候养生，始终保持顶面湿润。

2. 沥青路面热再生技术

现场热再生技术是 20 世纪 70 年代兴起的新技术、新工艺，经过 20 多年不断探索和发展已经成为沥青路面大、中修时首选的施工方法。2001 年我国引进了第 1 台现场热再生设备，2002 年做了试验路段，标志着我国在沥青路面再生技术的一个新历程的开始。到 2003 年底我国共引进了国外 4 个国家的 8 套现场热再生成套设备，2004 年在京津塘高速、成渝高速、石安高速等都进行了相当面积的就地热再生施工，2004 年 8 月中国自主开发的第一台热风循环式加热机中联 LR4400 加热机开始进行热再生施工，2005 年京津塘高速公路采用就地热再生工艺大修，轰轰烈烈地上演了一场国内外各品牌现场热再生设备性能的大比拼。据不完全统计，截至 2005 年 8 月中旬，全国完成了 130 万 m^2 的就地热再生施工面积。

沥青路面现场热再生作为一种具有节能环保理念且快速修复方式的预防性道路养护技术，在国内外已有多年的应用经验和完善的工艺技术，对普通重交通道路沥青路面浅层的贫油、车辙、网裂、坑槽、拥包等多发病害均有较好的养护效果。

（1）现场热再生技术分类

现场热再生是一种就地修复破损路面的过程，它通过加热软化路面，铲起路面废料，再和沥青胶粘剂混合，有时可能还需要添加一些新的骨料。然后将再生料重新铺在原来的路面上。一般用一台大型"沥青路面热再生联合机组"，先把沥青路面烤热软化，再将旧沥青层收集起来输送到该机组中的双卧轴连续搅拌机上，添加新骨料、补充新沥青，搅拌后排到机组的摊铺器上，摊铺、捣实、熨平，再用压路机碾压，铺成一条新路。现场热再生可以通过单次操作完成，把原材料和需修的路面重新结合。或者是通过两阶段完成，即先将再生料重新压实，然后在上面再铺一层磨耗层。这种方法施工简单方便，多用于基层承载能力良好、面层因疲劳而龟裂的路段，特别适用于老化不太严重，但平整度较差的路面。

依据所使用的工艺可将现场热再生细分为 3 种，即耙松整形再生、重铺再生和复拌再生。

1）耙松整形再生

耙松整形再生施工流程为：加热旧的沥青路面→翻松加热过的路面→加入适量的添加剂→搅拌，用螺旋布料器铺平松散的混合料→用普通的压路机压实。

一般耙松深度为 20～25cm。此法适用于修复破损不严重的路面，不需添加新料，修复后可消除车辙、泛油、小裂缝等病害，恢复路面的平整度，改善路面使用性能。

2）重铺再生

重铺再生施工流程为：预热→用齿和旋转的转子翻松铲起沥青层→加入再生剂→搅拌再生剂和松散的混合料→铺平再生剂→再铺一层新的热混合料。此法适用于破损严重的路面维修翻新和旧路面升级改造施工，修建后成为与新建道路使用性能相同的全新道路。

3）复拌再生

先用加热设备把沥青路面烤热软化，再用铣刨机铣刨旧沥青层，然后按一定比例添加再生剂，再添加用来调整级配的新料，搅拌后将混合料收集排放到摊铺机上进行摊铺，最后用压路机碾实。此法适用于中等程度破损的路面，修复后可恢复沥青路面的原有性能。

4）复拌加罩面再生

复拌后加罩一层磨耗层，用来改变路面的级配，提高路面的承载力和路用性能。此法适用于重交通，上层损害较严重，承载力下降的沥青路面大中修工程。

（2）沥青路面现场热再生的优势

1）交通干扰小

沥青混凝土路面现场热再生只对一个车道进行维修，维修时只需封闭一个车道，其余车道可以开放交通，最大限度地减少了路面维修给交通带来的干扰和影响，特别是对收费的高速公路，其优越性更加显著。

2）环保功能

沥青混凝土路面现场热再生的第一个优势就是其环保功能。在对环境要求日益严格的今天，大量的道路需要养护维修。采用再生技术，一方面不需要从自然界开采大量的砂、石、沥青等原材料；另一方面不向自然界倾倒大量的废沥青混合料。沥青混合料是有毒物质，靠自然分解时间极长，将对环境造成极大的影响。

3）技术优势

有利于沥青混凝土路面层间连接。沥青混凝土路面的设计理论是完全弹性体系，如果层间不连接或连接不好，层间剪应力显著增大，极容易造成沥青混凝土面层的剪切破坏。沥青混凝土路面的破坏往往是因为层间出现了剪切应力而产生的。采用沥青混凝土路面现场热再生技术，由于再生层与老路面的连接是热连接，几乎为一体，杜绝了层间与老路面连接不良的问题。如果在旧路面上直接摊铺新沥青混凝土路面，其间层连接都不如现场热再生方式。特别是传统的冷铣刨方式，由于结合面上的原骨料被铣松了，但清扫时又扫不掉，尽管洒了粘结油，往往仍会在新路面和旧路面之间形成一个松散夹层而导致路面过早破坏。这种病害在我国许多地方的路面维修工程中常常见到。

4）节约投资

目前，传统的沥青混凝土路面养护方法是将旧路面冷铣刨，洒一层粘层油，然后用全新的沥青混合料摊铺。沥青混凝土路面的现场热再生百分之百利用了旧沥青混合料，再生维修时只添加再生剂和部分新沥青混合料，使得路面维修的成本显著降低，根据国内外经验其费用仅占传统维修方式的 70%～80%。

（3）就地热再生沥青路面主要施工内容

1）旧路的翻挖

旧路面沥青面层和基层有一定的结合力，翻挖时有时会将基层的少部分材料带起，如基层是灰土类材料，应尽量清除，否则会影响再生料的性能。而基层为碎石类（如二灰碎石水泥稳定碎石），即使基层材料混于再生料中，对再生料的影响不会太大。使用前必须破碎旧料，其粒径不能过大，一般轧碎的旧料粒径宜小于 25mm，最大粒径不超过 35mm。否则再生剂掺入旧料内部较困难，且旧油不易释放，影响整个混合料的性能。破碎方法有人工破碎、机械破碎、加热分解等。

2）再生剂的添加

再生剂的添加方式对整个再生混合料的使用品质有很大的影响，按工序来分主要有两种方法：在混合料拌合前将再生剂喷在旧料上，拌合均匀，静置数小时到 1～2d，使再生剂充分渗透到旧料中，将旧料软化。静置时间的长短，应根据旧料老化的程度、施工温度和试验喷洒结果而定。先将旧料加热至 80～100℃，然后在拌合缸内边喷洒再生剂边拌合，接着将加热过的新料和旧料拌合，再加入新沥青材料，接着加以拌合均匀。这种方法简化了工序，生产效率高。

3）再生混合料的拌合

再生混合料的拌合按机械设备的不同主要分为连续式和间歇分拌式两种。再生混合料的摊铺与压实再生混合料的摊铺、压实过程与普通沥青混合料基本相同。但有两点需要特别注意：如果在翻挖掉旧料的路面上摊铺混合料时应注意基层表面的修整处理工作，包括清理基层上的浮灰、杂物，必要时浇洒透层油；使用不同的加热拌合设备，因再生料的出料温度大多数情况下可能比普通沥青混合料的要低，因此运输到现场要注意保温。

4）压实

沥青混合料的压实是保证沥青面层质量的重要环节，应确定合理的压路机组合和碾压步骤。采用双钢轮液压振动压路机和轮胎式压路机的组合方式分层碾压。碾压分为初压、复压、终压。在混合料不产生推移、开裂等情况下尽量在摊铺后较高温度下进行初压，使用双钢轮液压振动压路机，碾压三遍。第一遍前进不开振，后退开振（高频低幅），第二、三遍开振（高频低幅）。复压紧跟初压进行，由轮胎式压路机完成不振压两遍。终压紧跟复压后进行，目的是消除轮迹确保达到压实度要求。采用较重的双钢轮压路机来完成，碾压次数为不开振两遍。

5）质量检测

通过施工中对再生后的沥青及沥青混料检测，各项指标均满足《公路沥青路面施工技术规范》JTG F40—2004 的质量要求。在施工中的质量控制还要注意以下要点：

①在施工中控制施工速度为 2.5m/min，保证混合料的摊铺温度大于 140℃。

②及时检测铣刨深度，发现不一致及时进行调整，尽最大的可能使复拌机集料器将铣刨料收进摊铺机料斗，保证摊铺机行走界面平整。

③注意控制摊铺机与再生机组行走速度一致，避免再生机组、摊铺机时快时慢。

④控制铣刨机的纵接缝，避免铣刨机的平衡滑靴刮料，控制纵铣刨面平整。

⑤控制碾压工艺，匀速碾压，并且不得在再生路面停顿，控制其洒水量，减少热量散失，并且初压不低于 130℃、终压不得低于 90℃。

⑥现场技术人员随时对温度（测温仪）、平整度（3m 直尺、八轮仪）、密实度（无核密度仪）等相关技术参数进行检测，并及时与施工现场负责人、机械操作人员进行沟通，出现异常及时调整。

（4）厂拌热再生沥青混凝土施工技术

厂拌热再生沥青混凝土工艺原理：首先对回收沥青路面材料（RAP）进行加热，然后按预定比例加入新沥青和再生剂，再添加预定数量的矿粉，吸附沥青，形成合理厚度的沥青膜，最后经过一段时间的搅拌，使沥青混合料进一步搅拌均匀，同时新旧沥青进一步调和均匀，最终得到与常规热拌沥青混合料品质相当的再生沥青混合料。

工艺流程及操作要点如下：

1）施工工艺流程

施工工艺流程：回收沥青旧料→回收沥青路面材料（RAP）的预处理、堆放→目标配合比设计、验证→再生混合料拌制→再生混合料运输→再生混合料摊铺→再生混合料压实→施工接缝处理→成型、开放交通。

2）操作要点

①回收沥青旧料（RAP）

回收沥青路面材料（RAP）可选用冷铣刨或机械开挖的方式，应减少对路面集料的破碎。路面铣刨回收 RAP 时，应精确控制铣刨或开挖厚度，以避免破坏下卧层路面结构，回收和存放 RAP 时不得混入基层废料、水泥混凝土废料、杂物和土等杂质。

②回收沥青路面材料（RAP）的预处理和堆放

回收沥青路面材料（RAP）应运至固定的场地，按路面使用年限、路面结构等，将大体相同的路段所铣刨的旧料集中堆放，使旧料性质相对一致，以便于处理加工。堆场应平整，堆置高度一般应小于 1.5m，以不结块为准，并避免长时间堆放。

回收沥青路面材料（RAP）必须进行二次破碎处理。破碎时，使用推土机、装载机等机械将一个料堆的回收沥青路面材料（RAP）充分混合，然后用破碎机或其他方式进行破碎，应使回收沥青路面材料（RAP）最大粒径小于再生混合料最大公称粒径，不应有超粒径材料。根据再生混合料的最大公称粒径合理选择筛孔尺寸，将破碎后回收沥青路面材料（RAP）筛分成不少于两档的材料，用装载机转运到堆料场均匀堆放，堆料场地面应进行硬化处理，并具有防雨设施，不同档的回收沥青路面材料（RAP）应分开堆放并应进行明确标识，避免混合。回收沥青路面材料（RAP）在转运、堆放、使用时应避免离析，使用时，应从料堆的一端开始在全高度范围内铲料。

③再生沥青混合料的配合比设计、验证

从旧料中选取代表性的样品，进行抽提筛分试验。根据回收沥青路面材料的老化程度、含水量、回收沥青路面材料矿料的级配变异情况以及工程的实际情况、沥青混合料类型、拌合设备的类型与加热干燥能力、新集料的性质等，确定新集料与回收沥青路面材料的掺配比，进行配合比设计、验证。回收沥青材料掺配比一般为15%～30%。

④再生沥青混合料的拌制

厂拌再生混合料的拌制材料包括回收沥青路面材料（RAP）、新沥青、新集料和再生剂，拌合时应以室内配合比试验报告所提供的掺配比例进行拌合，并根据试验路混合料性能的检测结果进行适当调整，以达到满足《公路沥青路面施工技术规范》JTG F40—2004中所要求的相应混合料性能。

厂拌再生混合料可以选用间歇式拌合设备或连续式拌合设备进行拌合，拌合设备必须具备回收沥青路面材料（RAP）的配料装置和计量装置。使用间歇式拌合设备，当回收沥青路面材料（RAP）掺量大于10%，宜增加回收沥青路面材料（RAP）烘干加热系统。回收沥青路面材料（RAP）料仓数量应不少于两个，料仓内的回收沥青路面材料（RAP）含水率不应大于3%。

厂拌热再生混合料的生产温度和加热时间应根据拌合设备的加热干燥能力、回收沥青路面材料（RAP）的含水率、再生混合料的级配，新沥青的粘温曲线等综合确定，以不加剧回收沥青路面材料（RAP）的再老化，提高生产能力，降低能耗并生产出均匀稳定的混合料为原则。使用间歇式拌合楼时，应适当提高新集料的加热温度，但最高温度不宜超过200℃，加热过程中回收沥青路面材料（RAP）不得直接与明火接触，以防止回收沥青路面材料（RAP）表面沥青老化。干拌时间比普通混合料延长5～10s，总拌合时间比普通混合料延长15s左右。再生混合料的出料温度比普通混合料高5～10℃。

⑤再生混合料的运输

再生混合料装车时应分前、中、后三次装入自卸车内，以避免离析。运料车每次使用前后必须清扫干净，在车厢板上涂一薄层防止沥青粘结的隔离剂或防粘剂，但不得有余液积聚在车厢底部。从拌合机向运料车上装料时，应多次挪动汽车位置，平衡装料，以减少混合料离析。运料车运输混合料宜用苫布覆盖保温、防雨、防污染。

⑥再生沥青混合料的摊铺

再生沥青混合料的摊铺工艺与常规热拌沥青混合料基本相同，考虑到再生沥青针入度一般在50～60（0.1mm）之间，施工温度应适当提高。根据粘温曲线确定最佳碾压温度为145～150℃，确保最低碾压温度高于135℃。

A. 摊铺机开工前应提前0.5～1h预热熨平板不低于100℃。铺筑过程中应选择熨平板的振捣或夯锤压实装置具有适宜的振动频率和振幅，以提高路面的初始压实度。熨平板加宽连接应仔细调节至摊铺的混合料没有明显的离析痕迹的位置。

B. 连续摊铺过程中，运料车在摊铺机前 10～30cm 处停住，不得撞击摊铺机，卸料过程中运料车应挂空挡，靠摊铺机推动前进。运料车数量应稍有富余，施工过程中摊铺机前方应有多于 5 辆运料车时开始摊铺。

C. 摊铺机必须缓慢、均匀、连续不断地摊铺，不得随意变换速度或者中途停顿，以提高平整度，减少混合料的离析；螺旋布料器应根据摊铺速度进行调整，以保持稳定的速度均衡转动；两侧应保持有不少于送料器 2/3 高度的混合料，以减少在摊铺过程中混合料的离析。

D. 再生沥青混合料的施工温度控制应符合《公路沥青路面施工技术规范》JTG F40—2004 的要求。寒冷季节遇大风降温，不能保证迅速压实时不得铺筑沥青混合料。每天施工开始阶段宜采用较高温度的混合料。

E. 再生沥青混合料的松铺系数应根据混合料类型由试铺试压确定。摊铺过程中应随时检查摊铺层厚度及路拱、横坡。

F. 用机械摊铺的混合料，不宜用人工反复修整。当不得不由人工做局部找补或更换混合料时，需仔细进行，特别严重的缺陷应整层铲除。

G. 在路面狭窄部分、平曲线半径过小的匝道或加宽部分，以及小规模工程不能采用摊铺机铺筑时可用人工摊铺混合料。人工摊铺沥青混合料应符合下列要求：

a. 半幅施工时，路中一侧宜事先设置挡板。

b. 沥青混合料宜卸在铁板上，摊铺时应扣锹布料，不得扬锹远甩。铁锹等工具宜沾防胶粘剂或加热使用。

c. 边摊铺边用刮板整平，刮平时应轻重一致，控制次数，严防集料离析。

⑦再生沥青混合料的碾压

再生混合料压实温度宜比热拌沥青混合料高 5～10℃。

压实分为初压、复压和终压，宜使用大吨位的双钢轮振动压路机、轮胎压路机等压实。施工时，通过试验段确定相应压实机械的组合方式。压实时应紧跟摊铺机进行，避免混合料温度下降而造成压实困难，对于压路机无法达到的部位应采用小型振动压路机或振动夯板配合压实。

压实工艺控制原则："高温、紧跟、高频、低幅、慢速"。压路机前进倒退时，均不得在同一位置，同一断面上行车换挡，每次前进和倒退时，行车位置均应呈阶梯形，振动碾压应先走一步，后起振，后停车，碾压中应保持匀速行驶，不得随意加减速和停顿，初压采用"先低后高、前静退振"的方式碾压 1～2 遍，压路机紧跟摊铺机碾压，并保持较短的初压区长度，以尽快使表面压缩，减少热量散失，初压速度宜为 2～3km/h，复压 AC 结构的沥青混凝土，宜采用重型轮胎压路机进行揉搓碾压 4～6 遍，以增加密水性，相邻碾压带应重叠 1/3～1/2 的碾压轮宽度，SMA 结构的沥青混凝土宜采用振动压路机复压，复压速度宜为 3～4km/h，边压对路面边缘加宽等大型压路机难以碾压的部位，采用小型振动压路机做补充碾压，终压采用双钢轮压路机进行静压收面，完成收光及消灭轮迹，终压速度宜为 3～5km/h。

⑧施工接缝处理

纵缝：两台摊铺机成梯队联合摊铺方式完成纵向接缝，以热接缝形式在最后作跨接缝碾压，以消缝迹。

起步横缝：横向施工缝采用毛接缝，用 6m 直尺沿摊铺段纵向测量无间隙处作为凿缝，凿缝线与中心线垂直，用钢丝刷清理干净再涂刷黏层油。接缝摊铺过后，先从已铺路面横向碾压，后斜向 45°跨缝呈阶梯状由低到高错轮碾压，逐渐移向新铺面积。结束横缝，摊铺结束时，横向接缝处提前全段面铺设一层隔离布，纵向长度不小于 50cm。碾压结束后，用 3m 直尺测量接头平整度，从无间隙处进行断离。

⑨路面成型，开放交通

再生混合料压实完成后，应封闭交通，自然降温，待混合料表面温度低于 50℃后方可开放交通。需要提早开放交通时，可洒水冷却降低混合料温度。

4.1.2　SMA 的施工新技术

1. 施工准备

沥青玛琋脂碎石混合料（Stone Matrix Asphalt，简称 SMA）的施工与一般沥青混合料不同，所用材料必须符合《公路沥青路面施工技术规范》JTG F40—2004 的要求。

（1）粗集料：应使用石质坚硬、具有棱角、表面粗糙、耐磨耗、抗冲击、形状接近立方体，有良好的嵌挤能力的集料，并应符合沥青抗滑表层对粗集料的质量技术要求。

（2）细集料：用于沥青玛琋脂碎石混合料的细集料应洁净、干燥、无风化、无杂质，并有一定的棱角。应选用加工的机制砂，规格为 0~3mm、3~5mm。

（3）填料：SMA 面层所用的填料即矿粉，采用石灰石加工的矿粉，不得含有泥土及杂物，要求干燥、洁净、无杂质、无结团。

（4）沥青：沥青玛蹄脂碎石混合料所用沥青应具有较高的黏度，应与集料有良好的粘附性，SMA 面层所用沥青必须符合规范要求，沥青进场前必须检验各项指标，合格后方可进场。

（5）纤维稳定剂：SMA 面层必须掺入纤维稳定剂，路用纤维有三大类，木质纤维、矿物纤维和有机纤维。用于 SMA 的纤维稳定剂多为木质纤维，纤维稳定剂的用量为沥青混合料总量的 2‰~3‰。

2. SMA 混合料拌合

拌合 SMA 混合料的设备应是间歇式沥青混合料拌合设备，并配有纤维稳定剂自动投料装置，另外矿粉的投入能力也应符合填料数量的要求，应加大矿粉投入量。

SMA 的拌合进料程序及工艺流程：不同规格的冷集料（碎石、机制砂）→进入冷集料定量给料装置的各料斗中，按容积进行粗配→进入冷集料传输工作带→进入干燥滚筒烘干加热→进入热集料提升装置转动→进入热集料筛分机筛分→热集料进入临时贮料斗暂时贮存→进入热集料计量装置精确称量→加入纤维→进入搅拌装置中搅拌（干拌）矿粉进入矿糊贮料仓→定量给料装置→进入搅拌机中搅拌沥青→沥青保温罐→沥青定量给料装置→进入搅拌锅中搅拌，拌合好的混合料成品→直接装车运至摊铺工地。

（1）SMA 混合料拌合时间

SMA 混合料的拌合时间比一般沥青混合料时间长，干拌时间比一般沥青混合料增加 5~10s。

（2）SMA 混合料拌合温度

沥青玛琋脂碎石混合料（SMA）的拌合温度应由沥青结合料黏度确定，由于冷矿料的数量增加，集料烘干温度可适当提高，混合料拌合后出料温度较一般沥青混合料的出料温度高 10～20℃，矿料加热温度宜控制在 180～195℃；沥青加热温度宜控制在 165～170℃，沥青加热温度过高轻质组分挥发易于碳化，因此不宜过高。拌合好的混合料不能立即装车运往工地摊铺时，必须储存在有好的保温设备的储料仓中，储存时间不宜超过24h，同时还应符合出厂温度的要求。

3. SMA 混合料运输

SMA 混合料通常可用热拌沥青混合料运料自卸汽车运输，运料车应附有保温设施。运输车的技术状况应保持良好，同时车厢保持干净无杂物，为防止沥青与车厢粘结，可将车厢底、侧板均匀涂一层 1∶3 柴油与水的混合液薄层，不得在车厢底部有余液流滴和积累。

4. SMA 混合料摊铺

SMA 混合料摊铺，可以使用摊铺一般沥青混合料的摊铺机。SMA 在摊铺前应将路面表面散落杂物、泥土清理干净，喷洒适量粘层沥青，宜选用改性乳化沥青。当摊铺路幅较宽时，SMA 宜采用双机组成梯队作业，进行联合摊铺，两机前后间隔 5～10m；相邻两幅之间应有重叠，其重叠宽度应为 15～20cm；摊铺时应保持连续进行不得中断，摊铺速度可根据供料情况而定，通常为 2～3m/min。

SMA 混合料的摊铺温度不低于 160℃，施工气温不低于 10℃。SMA 混合料摊铺不得夜间施工，遇雨应立即停止摊铺，残留在车厢内已经结块的 SMA 混合料不得使用。

5. 压实的工艺要求

（1）混合料的碾压以"紧跟、慢压、高频和低幅"为原则。摊铺后应立即压实，不得等候。压路机应以 2～4km/h 的速度均匀碾压，碾压按三阶段进行。

①初压（1 遍），碾压时主动轮在前，从动轮在后，速度为 1.5～2km/h，起步、停止均应缓慢，以免产生推移。静压时每次应重叠 30cm 轮迹，振动碾压时每次重叠 15～20cm 轮迹。在 140℃以上温度时完成初压。初压后检查平整度，必要时进行适当修整。

②复压（2 遍），初压后紧接着振动碾压 2 遍，振动频率为 35～50Hz，速度为 3.5～4.5km/h。

③终压（1 遍），复压后紧接着静压，消除轮迹。速度为 3km/h 左右，温度一般控制在 110～130℃。

（2）由于对改性沥青 SMA 温度要求较高（温度低，平整度及压实度都会受影响），碾压时一定要始终坚持紧跟、慢压的原则，碾压路段的速度应与摊铺速度相适应。碾压时不划分碾压段，压路机来回折返的起终点随摊铺机不断前移，每次由两端折回的位置应成阶梯形，不能在同一横断面上。在终压温度前消除全部轮迹，一旦达到要求的压实度（不小于马歇尔试验密度的 96%）应立即停止压路机作业，以免过度碾压导致沥青玛琋脂结合料被挤压到路表面。

（3）由于 SMA 混合料使用了改性沥青且沥青含量高，因而黏度大，不得使用轮胎式压路机碾压，以防粘轮及轮胎揉搓将沥青玛琋脂挤到表面而达不到压实效果，必须采用刚性碾碾压。

（4）为了防止混合料粘轮，可在钢轮表面均匀洒水，使其保持潮湿，水中掺少量的清洗剂或其他适当材料，但要防止过量洒水引起混合料温度骤降。

（5）压路机起步、刹车要缓慢，严禁在新摊铺层上转向、调头或停机，所有机械不能在未冷却结硬的路面上停留。压路机碾压时，相邻碾压带应重叠 1/3～1/4 轮宽，碾压工作面长度为 30～50m。

（6）初压温度不低于 160℃，复压温度不低于 130～140℃，终压温度不低于 120℃。

6. 接缝处理

接缝是影响平整度的一个重要因素。SMA 路面接缝处理比普通沥青混合料难，由于冷却后的 SMA 混合料非常坚硬，应想方设法防止出现冷接缝。为提高平整度，一般切割成垂直面，可在路面完工后，稍停一停，在其尚未冷却之前切割好。具体做法：将 3m 直尺沿路线纵向靠在已施工段的端部，伸出端部的直尺，呈悬臂状；以已施工路面与直尺脱离点定出接缝位置，用锯缝机割齐后铲除废料，并用水将接缝处冲洗干净；新混合料摊铺前，清洗接缝，涂抹粘层油，并用熨平板在已铺表面层上预热，再下料摊铺。接缝处碾压应尽快处理，先纵向在 5～10m 内来回碾压，再横向在 2～4m 内碾压，最后按正常的速度进行纵向碾压。

4.1.3　水泥混凝土路面改造施工技术

自 20 世纪 70 年代开始，大多数城市道路都建成了造价相对便宜的水泥混凝土路面，而且由于成本的问题，绝大多数为非钢筋混凝土结构。随着社会经济大发展带来的重交通负荷增加，水泥混凝土路面都出现了断板、错板、裂缝、剥落、坑洞等损害。因此，旧水泥混凝土路面的养护、维修、改建工作就显得尤其重要。

1. 水泥混凝土道路改建方式是指将旧水泥混凝土路面破碎后作为基层，再铺加沥青混凝土或水泥混凝土。破碎旧混凝土路面可以采用冲击式压实、打裂压稳、碎石化三种方法。

（1）强夯法施工

强夯法施工不适宜在城市道路施工，振动大，对道路两侧建筑物有影响。

1）概念

强夯法又被称为"强力夯实法"或"动力固结法"，是法国梅那尔公司于 20 世纪 60 年代后期创造的一种地基加固方法。它是在重锤夯实基础上发展起来的动力加固地基的新方法。经过几十年的推广应用，证明其加固效果十分显著。

2）原理

这种方法是将重锤（一般为 80～400kN）提升到高处（一般为 6～40m）自由落下，依靠其所产生的巨大冲击和振动能量给地基以强烈的冲击力和振动，使原水泥混凝土破碎、原地基土体结构破坏，孔隙压缩，土体局部液化，通过裂缝排出孔隙水和气体，地基土在新的状况下固结，从而提高承载能力，并降低其压缩性。

3）强夯施工

①场地整平；

②夯点布置；

③试夯：根据设计指标和地质报告，参照有效影响深度公式、结合实际经验，首先确定试夯能级，然后选择不同的锤底面积、布点间距、施工顺序、夯击遍数、单点夯击数等。夯后经过测试，得出满足设计要求的最佳数据，确定施工工艺和参数；

④强夯施工；

⑤验收。

（2）打裂压稳技术

水泥混凝土路面打裂压稳技术是利用美国技术，使用门式破碎机将旧水泥混凝土路面每隔 40～60cm 打裂，经压实后在上面摊铺沥青混凝土面层，该技术可以延缓水泥路面反射裂缝的出现，并能充分利用原路面的强度，根据交通量和公路等级的不同，铺筑不同厚度的沥青混凝土面层。该技术具有破碎颗粒大，生产效率高，施工速度快，节约路面改造费用及环境保护的特点。同时也可通过调试门板式破碎机的落锤的高度，进一步破碎水泥混凝土路面，达到彻底清除路面的要求，是目前水泥混凝土路面清除最快捷的方法。强夯和打裂压稳设备如图 4-1 所示。

(a) 强夯设备

(b) 打裂设备　　　　　　　　　　　(c) 压稳设备

图 4-1　强夯和打裂压稳设备

打裂压稳施工工艺包括：

1）选择试验路面破碎：在正式开始施工前，应通过 100m 单车道的试验段以确定适合本次施工的打裂程序；

2）打裂尺寸的检查：需要在打裂路面一定范围内均匀洒水后，然后施工，可以看到有气泡产生，水消失后应可看见清晰的裂缝痕迹，并由此鉴定开裂的程度是否满足要求；

3）打裂和压稳施工：在打裂施工后，应确定压稳程序，一般压稳 3～5 遍；

4）洒布乳化沥青透层油：由沥青洒布车喷洒；

5）沥青路面的施工：8～12h 后摊铺沥青混凝土面层。

（3）碎石化改造技术

为彻底消除旧面板对新加铺层的反射裂缝影响，只有将原有的旧面板彻底打碎，以完全消除原有路面存在的病害及隐患，并将打碎的混凝土碾压后直接作为基层或底基层，再加上新的面层（水泥或沥青混凝土）。这样的工艺技术才是水泥混凝土路面翻修改造的最佳方法。它不但彻底消除了病害隐患，而且既解决原路面弃方的问题，又节约了大量路基材料，大幅降低了工程造价，同时也有利于环保。

1）碎石化的原理

所谓碎石化就是利用特殊的施工机械，将原有的旧水泥混凝土路面彻底打碎，完全消除原有路面存在的病害，释放面板下空洞的隐患，将打碎的水泥混凝土面板再生利用直接作为基层或底基层，再加铺新的面层。破碎后的水泥路面粒径自上而下逐渐增大，上部下部颗粒之间形成嵌挤结构，有效强化路基，经洒布乳化沥青稳定后，在结构上不再是刚性板块而成了类似沥青碎石基层的柔性基层，有效防止"白改黑"后的反射裂缝问题，延长路面的使用寿命。

2）碎石化改造技术的优点

①碎石化技术是目前解决路面改造后出现反射裂缝问题的最有效方法。

②破碎后并经压实的混凝土路面，形成内部嵌挤、紧密结合、高密度的材料层，从而为沥青罩面提供更高结构强度的基层或底基层。

③施工简便，改造周期短，综合造价低。

④就地再生，环保无污染。将破碎后的碎块直接作为基层或底基层，节约了路基材料及运输成本，加快了施工进度，大大降低了工程费用，同时也解决了丢弃水泥碎块垃圾的环保问题。

3）碎石化技术采用的设备

目前混凝土碎石化破碎设备主要有多锤头破碎机（MHB）和共振式破碎机。稳压设备包括单钢轮振动压路机和轮胎式胶轮压路机。

①多锤头水泥路面破碎机

PS360 型多锤头破碎机是针对破损水泥路面的改造而开发的新产品，是旧水泥路面翻修改造的理想设备。PS360 型多锤头破碎机是自行式破碎设备，设备后部平均配备两排成对锤头，这样在设备全宽范围内可以连续破碎，锤头的提升高度在油缸行程范围内可独立调节，该破碎机具备一次破碎 4m 车道的能力。

②专用振动压路机

YZ18（Z 型）振动压路机用于破碎混凝土板块后的表面补充破碎并压实，使破碎后的水泥混凝土块形成内部嵌挤、高密度、高强度结构的新基层或底基层。

③稳压设备

A. 单钢轮振动压路机

在专用振动压路机之后，采用 18t 单钢轮振动压路机压实破碎后的混凝土表面，并为沥青罩面提供较为平坦的工作面。

B. LY25t 的轮胎式胶轮压路机。低于 25t 时，应增加压实遍数，以达到规定要求。

4）路面碎石化前的处理

①路面碎石化施工前，应先移除所有将破碎的混凝土板块上存在的沥青罩面层和部分沥青表面修补材料，以免影响碎石化质量。

②在路面破碎之前应对出现严重病害的软弱路段进行修复处理。

A. 清除混凝土路面。

B. 开挖基层或路基至稳定层。

C. 换填监理工程师认可的材料，顶面高程与破碎混凝土板底相同。

D. 回填料应进行适当的摊铺和压实，最小尺寸应不小于全车道宽和 1.2m 长，以保证压实效果。

③施工前应对路段上现有构造物和管线进行标记和保护。

A. 埋深在 1m 以上的构造物（或管线）不易因路面碎石化受到破坏，可以正常破碎；埋深在 0.5～1m 的构造物（或管线）可能因路面碎石化而受到一定影响，可以降低锤头高度进行轻度打裂；埋深不足 0.5m 的构造物（或管线）以及桥涵等，应禁止破碎，避让范围为结构物端线外侧 3m 以内的所有区域。

B. 距路肩 10m 以外的建筑物不宜因路面碎石化受到破坏，可以正常破碎；对于路肩外 5～10m 范围存在建造物的路段，施工时应降低锤头高度对路面进行轻度打裂；对于路肩外 5m 以内存在建筑物的路段，应禁止破碎。

C. 对于不同埋深的构筑物、地下管线、附近的房屋等，应采用不同标志的红色油漆标注清楚，用以区别破坏，保证安全。

④在有代表性路段设置高程控制点，以便在施工中监测高程的变化，指导施工。

⑤交通管制建议在条件允许的情况下一次性封闭施工路段，至少应实行半封闭施工。

5）路面碎石化施工

①试验区与试坑。

A. 在路面碎石化施工正式开始之前，应根据路况调查资料，在有代表性的路段选择至少长 50m、宽 4m（或一个车道）的路面作为试验段。根据经验一般取落锤高度为 1.1～1.2m，落锤间距为 10cm，逐级调整破碎参数对路面进行破碎，目测破碎效果，当碎石化后的路表参数对路面进行碎石化的效果能满足规定要求后，记录此时采用的破碎参数。

B. 为了确保路面被破碎成规定的尺寸，在试验区内随机选取 2 个独立的位置开挖不小于 1m^2 的试坑，试坑的选择应避开有横向接缝或工作缝的位置。试坑开挖至基层，以在全深度范围内检查碎石化后的颗粒是否在规定的颗粒范围内。如果破碎的混凝土路面颗粒没有达到要求，那么设备控制参数必须进行相应调整，并相应增加试验区，循环上一过程，直至要求得到满足，并记录符合要求的 MHB 碎石化参数备查。在正常碎石化施工过程中，应根据路面实际状况对破碎参数不断作出微小的调整。当需要对参数作出较大调整时，则应通知监理工程师。

②MHB 破碎。

A. 碎石化要把 75％以上的水泥混凝土路面破碎成表面最大尺寸不超过 7.5cm，中间不超过 22.5cm，底部不超过 37.5cm 的粒径。

B. 一般情况下，MHB 应先破碎路面两侧的车道，然后破碎中部的行车道。在破碎路肩时应适当降低外侧锤头高度，减小落锤间距，既保证破碎效果，又不至于破碎力过大而造成碎石化过度。

C. 两幅破碎一般要保证 15cm 左右的搭接破碎宽度。

D. 机械施工过程中要灵活调整行进速度、落锤高度、频率等，尽量达到破碎均匀。

③对于碎石化施工过程中发现的部分软弱基层或路基，应进行修复处理。

④凹处回填。

不应修整破碎后混凝土路面或试图平整路面以提高线形，这样将破坏混凝土路面碎石化以后的效果。在压实前发现的大于 5cm 的凹地应用密级配碎石料回填并压实。

⑤原有填缝料及外露钢筋清除。

在铺筑面层以前所有松散的填缝料、胀缝材料、切割移除暴露的加强钢筋和其他类似物都应进行清除，如需要，应填充级配碎石粒料。

⑥破碎后的压实要求。

破碎后的路面采用 Z 型压路机和单钢轮压路机振动压实，压实 1～2 遍，压实速度不容许超过 5km/h。在路面综合强度过高或过低的路段应避免过度压实，以防造成表面粒径过小或将碎石化层压入基层。

⑦乳化沥青透层。

为使表面较松散的粒料有一定的结合力，宜使用慢裂乳化沥青做透层，用量控制在 $3.0～3.5kg/m^2$。乳化沥青透层表面再撒布适量石屑后进行光轮静压，石屑用量以不粘轮为标准。

2. 老旧道路改造施工步骤

（1）施工前期工作准备

1）施工前图纸设计

老旧道路改造前，设计单位需要对原有道路进行详细勘查，掌握原有道路的宽度、红线宽度、交通情况等详细资料，然后设计出需要拓宽改造的快车道、慢车道、隔离带及人行便道的宽度，设计应当满足当前及未来城市交通的需要。

2）施工前图纸交底

图纸设计好后，主管单位召集设计、施工、拆迁、监理等相关单位进行图纸交底，各个单位对图纸设计技术等方面存在的疑问进行讨论，充分明白各个施工技术要点。

3）交底后现场勘查

交底后各相关单位应当一起对现场进行实地查看，详细了解图纸与现场情况，对临时产生的各种问题进行探讨，找出解决办法。

4）施工单位进行施工组织设计并编制预算

施工单位应编制施工方案、技术措施、工艺措施、安全管理、施工计划等内容的施工组织设计。并对施工整个过程所需要的生产资料、机械设备台班、人员工资等产生费用编制预算。

5）施工前交通阻断

为确保施工安全和顺利，应对施工道路进行阻断。因此施工开始前，应在媒体上对施工阻断进行通告，确保广大市民对施工过程造成的出行不便知情理解。施工前一天对该段道路设障阻断，并设立醒目标志，夜间应有灯光警示，确保路人安全。

（2）施工过程

1）施工放线、土方开挖及运输

首先，采用全站仪打出线路中心线控制桩，按设计道路横断面放出开挖边线并用白灰线示出，利用挖掘机配合推土机进行挖方区清表工作，对于机械难以开挖的地段或有管线的地方采用人工清表，并及时将废弃物用自卸汽车运至弃土场或垃圾厂。

2）施工中原有管线保护及新管线铺设

原有道路下面的雨、污水管道及自来水、煤气、热力、通信等管线，应当在施工前，召集相关单位与施工单位联系，现场派人员查看、标记、监管。施工中不应野蛮施工，对有管线的地方应谨慎机械施工或人工开挖，确保管线安全。同时新管线铺设应考虑旧管线位置，尽量避开，以免冲突，新管线铺设要及时，不能耽误整个道路工期，不能等路面铺设完好后，再要求开挖铺设，应在道路施工前把准备工作做好，路基二灰铺设前完成管道施工。

3）施工二灰基层和面层的铺设

①二灰基层铺设

二灰基层施工前，应对下承层进行彻底清扫，清除各类杂物及散落材料，要保证下承层表面湿润，二灰基层碾压后，洒水养生不少于 7d，必须经常保持结构层表面湿润。接头一律为垂直衔接，或用方木进行端头处理，或碾压后持线直接挖除至标准断面，用 3m 直尺进行检验，以确认接头处理是否到位。

②沥青混合料面层铺设

面层施工前，基层顶面应彻底清扫干净，沥青面层铺设时，正常情况沥青混合料温度不能低于 130～140℃，不超过 165℃；在 10℃ 气温时施工温度不能低于 140℃，不超过 175℃；碾压终了温度不低于 70℃，面层施工应在天气状况好的情况进行，避免雨季或低温等天气恶劣条件下进行。摊铺前要对每车的沥青混合料进行检验，发现超温料、花白料、不合格材料要拒绝摊铺，退回废弃。在压实时，如接缝处的混合料温度已不能满足压实温度要求，应采用加热器提高混合料的温度达到要求的压实温度，再压实到无缝迹为止。否则，必须垂直切割混合料并重新铺筑，立即共同碾压到无缝为止。摊铺和碾压过程中，要组织专人进行质量检测控制和缺陷修复。压实度检查要及时进行，发现不够时在规定的温度内及时补压，在压路机压不到的其他地方，应采用手夯或机夯把混合料充分压实。已完成碾压的路面，不得修补表皮。施工压实度检测可采用灌砂法或核子密度仪法。

4）施工中道牙、雨水口、井盖及便道的施工

道牙、雨水口、井盖施工应当在基层完成后同时进行，施工时雨水口和污水井应当覆盖保护，避免施工垃圾掉入堵塞管线，影响雨、污水排放。施工完毕后，雨水口和井盖应当先灌掏疏通完毕后，再盖好。应当充分考虑施工前雨水积水情况和施工后路面铺设坡度对雨水口进行科学布置，另外以重新铺设路面标高为准，对原来雨水口和井盖高度进行调整，使其与重新铺设路面保持高度一致，使排水和车辆行驶顺畅。道牙在面层铺设时应当注意，避免压路机碾压面层时对其的损坏。便道砖铺设应尽量采用透水材料，保证雨水渗漏。

5）施工中两侧影响施工建筑物的拆迁

老旧道路改造，周围环境比较复杂，由于各种因素，两侧有许多侵占红线的建筑等，需要进行拆除。因此拆迁工作十分重要，拆迁单位应当及时协调各产权单位及时进行拆除，确保施工顺利进行。

第2节　桥梁工程新技术

4.2.1　长大桥梁发展概况

当今世界桥梁建设向轻质高强大跨度发展。特大桥是指单孔跨径大于150m或多孔跨径总长大于1000m的桥梁。特大桥采用的结构形式主要有：①悬索桥；②斜拉桥；③拱桥；④连续刚构与连续梁桥。

1. 悬索桥的发展现状

世界排序前十大跨径的悬索桥见表4-1。

世界排序前十大跨径的悬索桥一览表　　　　　　　表4-1

序号	桥名	国家	时间	跨径(m)	主缆(mm×mm)	塔高(m)	加劲梁形式
1	明石海峡大桥	日本	1998	960+1991+960	2×1120	297(钢)	钢桁梁
2	杨泗港长江大桥	中国	2019	465+1700+465	2×937	243.9(混凝土)	双层钢桁架
3	西堠门大桥	中国	2008	533+1650+535	2×827	254(混凝土)	钢箱梁
4	大海带桥	丹麦	1998	533+1624+535	2×827	254(混凝土)	钢箱梁
5	润扬长江大桥	中国	2005	470+1490+309	2×868	197(混凝土)	钢箱梁
6	亨伯大桥	英国	1981	530+1410+280	2×684	155(混凝土)	钢箱梁
7	江阴长江大桥	中国	1999	369+1385+309	2×870	197(混凝土)	钢箱梁
8	香港青马大桥	中国	1997	355+1377+300	2×1100	206(混凝土)	钢箱梁
9	韦拉扎诺桥	美国	1964	370+1298+370	4×897	207(钢)	钢桁梁
10	金门大桥	美国	1937	343+1280+343	2×924	210(钢)	钢桁梁

（1）日本明石海峡大桥：主跨1991m；年代1998。两座主桥墩海拔297m，基础直径80m，水中部分高60m。两条主钢缆每条约4000m，直径1.12m，由290根细钢缆组成，重约5万吨。大桥于1988年5月动工，1998年3月竣工，如图4-2所示。

图4-2　日本明石海峡大桥

图4-3　中国武汉杨泗港长江大桥

（2）中国武汉杨泗港长江大桥

武汉杨泗港长江大桥，主跨1700m，建成时间2019年，是武汉市第10座长江大桥。杨泗港长江大桥是长江上首座双层公路大桥，一步跨越长江，跨越长度排名世界十大悬索桥第二。武汉杨泗港长江大桥，总投资达 80.34 亿元，北接汉阳国博立交，南连武昌八坦立交，全长 4.13km。上下双层公路，共设 10 车道，同时设有人行道和景观道，如图 4-3 所示。

（3）中国舟山西堠门大桥

西堠门大桥是舟山大陆连岛工程中的第四座大桥，其走向由北向南，北端连接册子岛，南端连接金塘岛。西堠门大桥是舟山大陆连岛工程中规模最大的跨海特大桥之一。

西堠门大桥主桥设计为主跨 1650m 的两跨连续钢箱梁悬索桥，桥跨布置为：578m（北边跨）+1650m（主跨）+485m（南边跨）；矢跨比 1/10；主缆横桥向中心间距为 31.4m，吊索顺桥向标准间距为 18m。本桥除采用带风嘴的扁平钢箱梁外，还在中分带位置采用镂空布置，从而大大提高了抗风稳定性，如图 4-4 所示。

图 4-4　西堠门大桥及钢箱梁镂空截面

2. 斜拉桥的发展现状

世界排序前十大跨径的斜拉桥见表 4-2。

世界排序前十大跨径的斜拉桥一览表　　　　　　　　　　　　表 4-2

序号	桥名	国家	时间	单跨径(m)	塔型与塔高(m)	梁形式
1	海参崴大桥	俄罗斯	2012	1104	A 型、324	钢箱梁
2	沪通大桥	中国	2020	1092	倒 Y 型(钢)、260	钢箱梁
3	苏通大桥	中国	2007	1088	倒 Y 型(钢)、250	钢箱梁
4	香港昂船洲桥	中国	2009	1018	倒 Y 型(钢)、230	钢箱梁
5	青山长江大桥	中国	2020	938	A 型塔(钢)、242.5	钢箱梁
6	鄂东长江大桥	中国	2010	926	A 型塔(钢)、242.5	钢箱梁
7	嘉鱼长江大桥	中国	2019	920	A 型塔(钢)、230	钢箱梁
8	多多罗大桥	日本	1999	890	倒 Y 型(钢)、220	钢箱梁
9	诺曼底大桥	法国	1995	856	倒 Y 型(钢)、202.7	钢箱梁
10	池州长江大桥	中国	2019	828	A 型塔(钢)、243	钢箱梁

4.2.2　桥梁下部结构施工新技术

1. 特殊地质条件下灌注桩的旋挖工艺

××交通工程系××到××县的连接线，全长 12km，其中土建××标段接新梗街站 2 号盾构井出地面 U 形槽端头，分别跨越规划天保路、南河、方村、南三桥连接线、板桥汽渡连接线、下穿京沪高铁，直至生态科技园至朱石路站区间，接大胜关铁路大桥。其中生态科技园站为地上三层高架车站，首层布置设备用房，地上二层为站厅层，地上三层为站台层，总长 120m，车站主体建筑面积 5794m²，标准段宽度 18.6m，基础采用桩基承台，设置 2 个进出站天桥，建筑面积 520m²。

（1）地质水文条件

本标段所处地貌均为长江高漫滩平原。场区地形较平坦，地面标高在 7.00～8.00m，覆盖层组成物主要为第四系全新统的淤泥质粉质黏土、粉质黏土、粉砂等，基岩表层为卵砾石层；岩土体结构特征相对较稳定，工程地质较复杂；下伏基岩为白垩纪上统浦口组，岩性均为棕褐色、棕红色的泥质粉砂岩，岩层倾向南东，属河湖相沉积，以岩性软弱为特征，具水平层理，地层倾角为 10°～30°。

（2）旋挖钻机施工工艺

根据全线桩基工程的规模，结合绿色环保施工环境要求、工期、成本和临时用电情况，方案选用旋挖机械成孔，泥浆护壁，浇筑水下混凝土的施工工艺。旋挖机械成孔快，施工效率高，相同条件下，它是反循环钻机的 4 倍左右，但对遇到软弱地质层应采取特殊工艺，以防塌孔。

1）旋挖钻机工作原理

旋挖钻机施工法又称钻斗钻成孔法，它是利用钻杆和钻头的旋转及重力使土屑进入钻斗，土屑装满钻斗后，提升钻头出土，这样通过钻斗的旋转、削土、提升和出土，多次反复而成孔。按照钻进工艺又分为套管钻进法和稳定液护壁的无套管钻进法。

2）旋挖钻机组成

旋挖钻机主要由操作系统、动力系统、行走系统和钻进系统（导向柱、钻杆、钻筒、长短螺旋杆）组成，如图 4-5 所示。其操作系统主要由电脑控制、液压传动，动力系统由柴油机提供钻进、行走动力，采用履带式行走系统（一般利用挖掘机行走系统改装）。钻机配有竖向及横向调平系统，确保成孔的垂直度，并能随时显示钻筒的深度，随时掌握钻孔的状况。该钻机适用面广、效率较高。

钻进系统由钻头和钻杆组成，钻头由螺旋钻和掏渣筒组成，形式多样，可根据不同的地质条件更换不同的钻头。钻杆采用抽芯片式带动钻头旋转传递钻头钻进所需压力和扭矩。

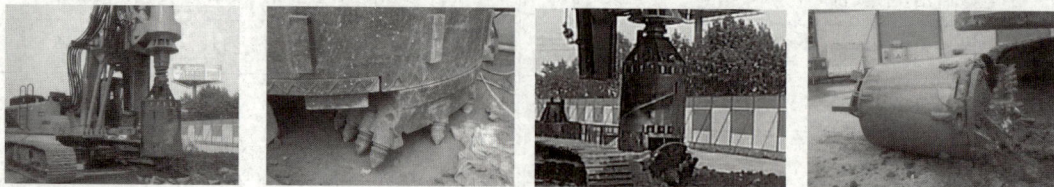

(a) 旋挖机及钻具　　(b) 钻头齿形　　(c) 出土状态　　(d) 钻头全景

图 4-5　旋挖钻机钻桩施工

3）旋挖施工程序

旋挖钻机施工程序类似于反循环施工。区别在于反循环钻机成孔施工中渣泥是通过泥浆泵吸出打入沉淀池，沉淀后泥浆回收再流入护筒内循环使用。而旋挖施工的渣样是通过旋挖机的渣筒提出护筒外倾倒出去，钻头与渣筒连为一体，旋挖施工中，钻杆和钻头沿轨道反复下放、旋挖、提升、倒渣循环，同时用泥浆护壁。其主要施工要点如下：

①施工准备

a. 开钻前根据地层岩性等地质条件、技术要求确定钻进方法和选用合适的钻具；

b. 全面检查钻机的各部位状态，保证其良好运转工作；

c. 规划施工场地，合理布置临时设施；

d. 开孔时，起吊钻具对位，找出桩位中心后将钢护筒压入土中正确对位；

e. 开孔时，采用短钻具、低钻速、轻压慢进。

②钻进施工

a. 钻进施工时，再次将钻头、钻杆、钢丝绳等进行全面检查；

b. 采用旋挖钻机成孔施工时，开启钻机对中，先将钻头慢慢导入孔内，匀速下至作业面，然后加压旋转钻进。按轻压慢钻的原则缓缓钻进，同时向孔内注泥浆；钻渣通过进渣口进入钻筒，提升钻杆带动钻筒至井口后，利用液压系统将筒门打开排渣，如此反复直至设计标高；

c. 成孔后，更换清底钻头，进行清底，并测定孔深；

d. 钻进中发现有塌孔、斜孔时及时处理。发现缩径时，经常提动钻具上下反复修扩孔壁；

e. 每次钻进深度以不超过 0.5m 为宜。

③护壁

a. 旋挖成孔采用泥浆护壁；

b. 选用膨润土造浆，其具有相对密度低、黏度低、含砂量少、失水量少、泥皮薄、稳定性强、固壁能力高等优点。泥浆密度 1.1～1.3 单位，根据不同的地质情况选择不同的泥浆密度。同样按不同的土质选用不同黏度指标，如淤泥质土，黏度取 20 左右；对砂性土，黏度应取 23 以上；

c. 根据地层情况及时调整泥浆指标，保证成孔速度和质量，施工中随着孔深的增加及时向孔内补充泥浆，维持护筒内应有的水头，防止塌孔。提钻接近孔口时应缓慢，防止泥浆外溢。

④钻进施工控制

施工过程中可以通过钻机本身的三向垂直控制系统反复检查成孔的垂直度，确保成孔质量。该钻机最大的特点是采用液压系统，根据地质情况随意控制钻进速度。

4）钻头选择

旋挖钻机施工适用于填土层、黏土、粉土、淤泥层、砂土层及短螺旋不宜钻进含有部分卵石、碎石的地层。施工时应根据不同的地质层配置不同的钻头，如图 4-6 所示。

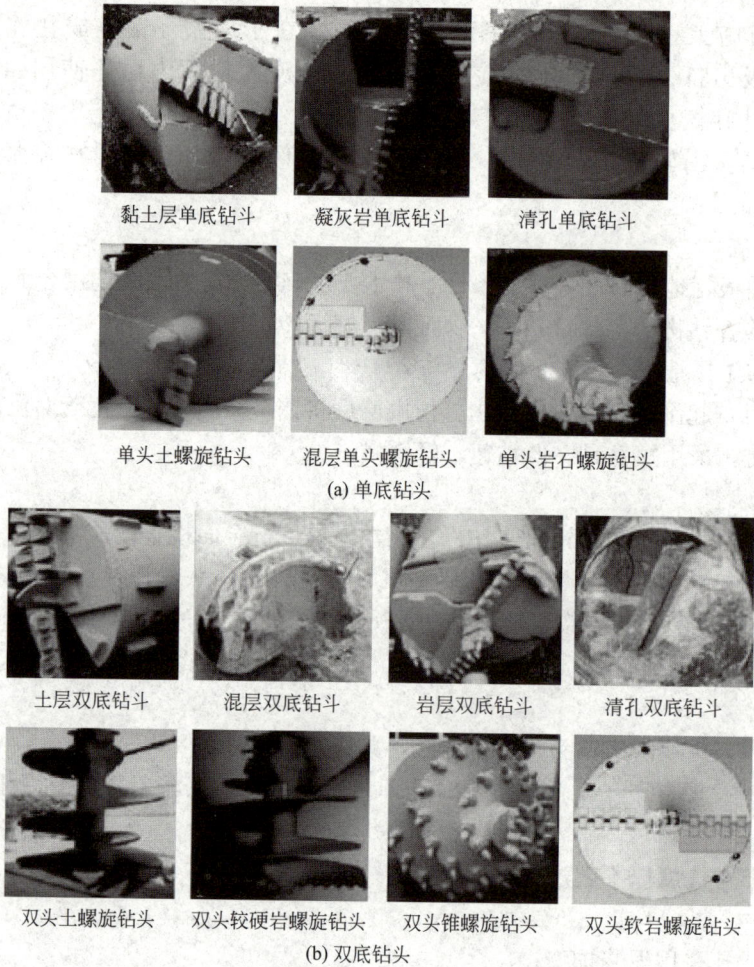

黏土层单底钻斗　　　凝灰岩单底钻斗　　　清孔单底钻斗

单头土螺旋钻头　　混层单头螺旋钻头　　单头岩石螺旋钻头

(a) 单底钻头

土层双底钻斗　　混层双底钻斗　　岩层双底钻斗　　清孔双底钻斗

双头土螺旋钻头　双头较硬岩螺旋钻头　双头锥螺旋钻头　双头软岩螺旋钻头

(b) 双底钻头

图 4-6　各式钻头

常用的钻头种类有 20 多种，常用的有：锅底式钻头（一般土层），多刃切削式钻头（多用于卵石或密实砂砾层）、双底钻头（松软砂土及砂砾石层）、S 形锥底钻头（黏土层）、清底钻头（排除沉渣）。

5）钻筒选择

①黄土较多的地层可使用长钻筒，加快钻进速度；

②对砂卵石含量较大的地层可使用短钻筒，配置泥浆护壁，控制钻速；

③对含孤石、漂石及较软岩石地层可更换短螺旋头进行处理，松动后更换长螺旋筒继续钻进。

（3）特殊地质施工工艺探索

1）克服（砂质）泥岩施工工艺

遇到强度不高的砂质泥岩，一般采用反循环钻机施工，但由于钻头打滑，工期长，成一根桩至少要 7d 时间。采用旋挖机施工工期短，但克服此地质层速度慢，起初用 SR280R 旋挖机旋挖进尺同样缓慢，后换三一重工的 SR250 旋挖机仍无法有效钻进。经过

(a) 泥岩钻具齿形　　　　(b) 泥岩钻具提出　　　　(c) 泥岩钻具倒土

图 4-7　克服泥岩打滑的钻头

多方调研、探索改进，采用带方齿的八字形钻头，进尺速度明显加快，有效克服强度不高但采用一般钻头钻进打滑的泥岩，如图 4-7 所示。

2）克服粉砂或流砂易塌孔的施工工艺

本工程在标高−40.000m 附近遇到饱和粉砂层，层厚十多米，旋挖施工极易塌孔。当遇到粉砂或流砂等不良地质层时，一般宜选用反循环钻机施工，但对此复杂地质层选用单一反循环钻机或多种型号钻机组合施工会受到工期、场地、临时用电等条件的限制。因此，为了克服局部软弱地质层易塌孔的困难，兼顾砂质泥岩的地质条件，本工程选择采用旋挖钻机与反循环工艺相结合的施工工艺。

①护筒应埋设在不透水坚实土层中，保证底部不漏浆；

②针对此软弱地质条件，关键是泥浆护壁，泥浆密度加大，其次有条件时提高水头亦有效果；

③当遇到饱和粉砂等软弱地质层不稳时，应提前减慢进尺，边钻边抛黄黏土护壁，提高泥浆密度，同时利用离心力把砂层段护壁镶厚，保证成桩前不塌孔；

④当遇到流砂时，除减慢进尺，黄土护壁外，还可抛少量石子效果更好。

图 4-8 和图 4-9 分别为不增加和增加黄土护壁后灌注桩混凝土浇筑充盈系数沿深度的变化曲线。从图中可以看出，黄土护壁对保证成孔和成桩质量具有明显效果。实践证明，在粉砂及流砂的不良地质层增加黄黏土护壁的措施是有效的。但应注意泥皮不能太厚，否则将影响摩擦桩的桩侧摩阻力。

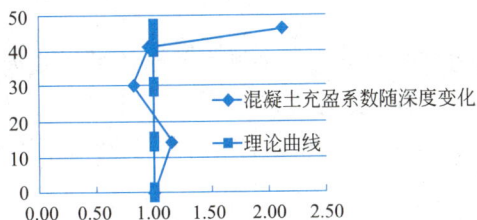

图 4-8　一般工艺充盈系数变化曲线

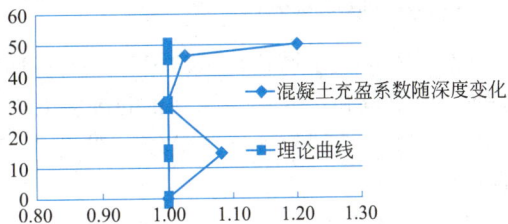

图 4-9　黄土护壁施工充盈系数变化曲线

2. 地下连续墙基础施工技术

地铁、地下交通枢纽等市政工程中涉及深基坑工程越来越多，而明挖法施工因其经济性好而在浅层结构优先选用。支护结构的正确选用将直接影响到结构施工的安全。

明挖法就是先开挖到底，后施工主体结构，再回填。由于空间有限和地下水位高，要挖土就得先挡土和降水，而坑外高楼大厦、地下管线众多，均需要保护，所以两侧挡土墙既要挡土还得止水。其中既能挡土又能止水、适应面广的支护结构——地下连续墙。

（1）定义

地下连续墙就是利用专用设备沿着深基础或地下构筑物周边铣槽，借助泥浆护壁成槽，然后浇筑水下混凝土形成一道连续的、具有挡土和抗渗功能的地下钢筋混凝土墙体。

（2）作用

挡土——抵抗侧向土压力和水压力；

止水——利用墙体抗渗，保证坑内干施工条件。

（3）按成形形式分

条形——南京模范马路隧道等；

矩形——润扬大桥北锚碇基础，见图4-10(a)；

圆形——武汉阳逻桥锚碇基础，见图4-10(b)；

"∞"形——南京长江四桥，见图4-10(c)。

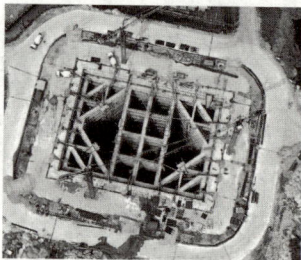  

(a) 润扬大桥　　　　　　　(b) 阳逻桥　　　　　　　(c) 南京长江四桥

图4-10　地下连续墙应用形式

（4）设计与施工方法

1）单元槽段划分

考虑因素：①槽孔孔壁稳定性；②对相邻结构物的影响；③挖槽机的最小挖槽长度；④钢筋笼重量和尺寸；⑤混凝土的供应能力；⑥泥浆储浆池容量。

润扬大桥北锚碇地下连续墙（见图4-11）平面尺寸为69m×51m，共分42个槽段。每个槽段长度3.3～5.7m。

2）施工工艺流程

施工准备工作→成槽施工→清孔换浆→接缝处理→钢筋笼吊装→混凝土浇筑→拔接头箱→质量验收。

施工准备工作包括导墙施工（见图4-12a）、选择成槽方式和设备（见图4-12b）、钢筋笼制作和吊装（见图4-13）等。

接头形式：圆弧形、企口形。通常采用专用接头箱，如图4-14所示。

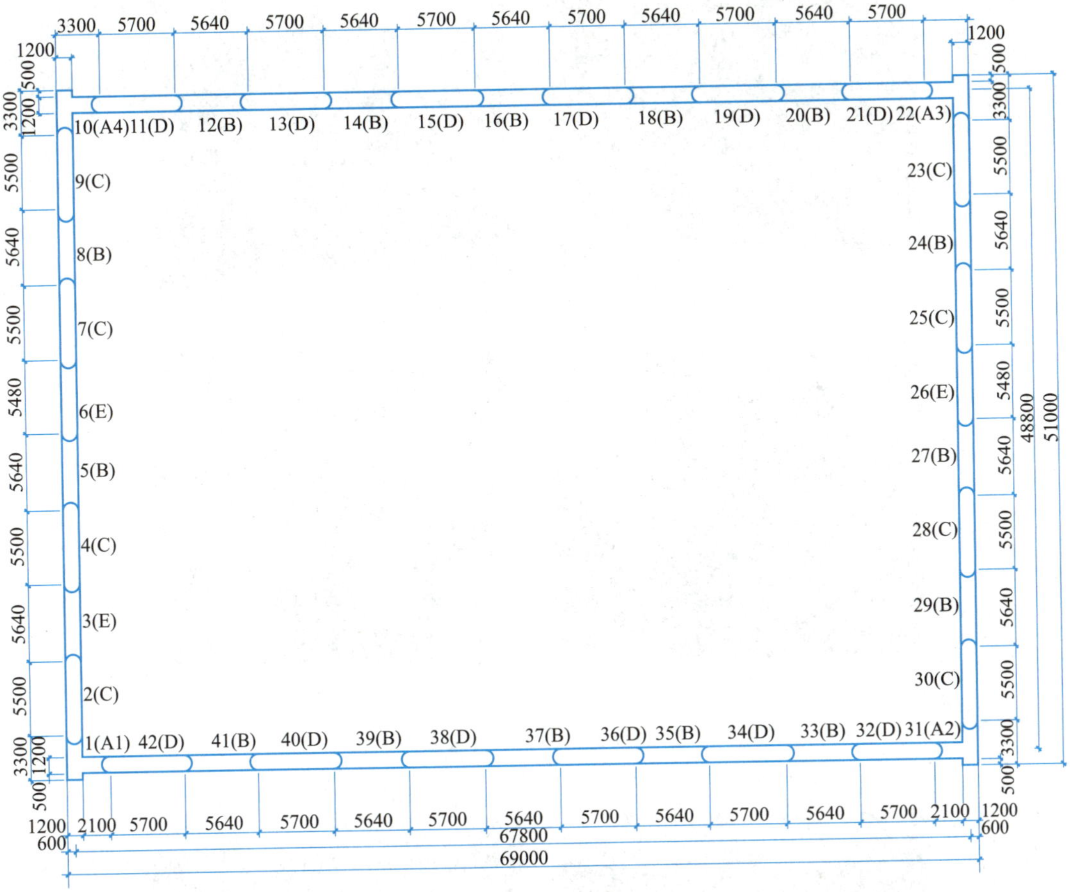

3300　5700　5640　5700　5640　5700　5640　5700　5640　5700　5640　5700

1200　1500

3300　1200

5500

5640

5500

5480

5640

5500

5640

5500

3300　1200

500

1200　2100　5700　5640　5700　5640　5700　5640　5700　5640　5700　2100　1200

600　67800　600

69000

10(A4) 11(D)　12(B)　13(D)　14(B)　15(D)　16(B)　17(D)　18(B)　19(D)　20(B)　21(D) 22(A3)

9(C)

8(B)

7(C)

6(E)

5(B)

4(C)

3(E)

2(C)

1(A1)　42(D)　41(B)　40(D)　39(B)　38(D)　37(B)　36(D)　35(B)　34(D)　33(B)　32(D) 31(A2)

1200　1500　3300　500

23(C)

24(B)

25(C)

26(E)

27(B)

28(C)

29(B)

30(C)

5500

5640

5500

5480

5640

5500

5640

5500

500　3300

48800

51000

图 4-11　润扬大桥锚锭地下连续墙槽段划分

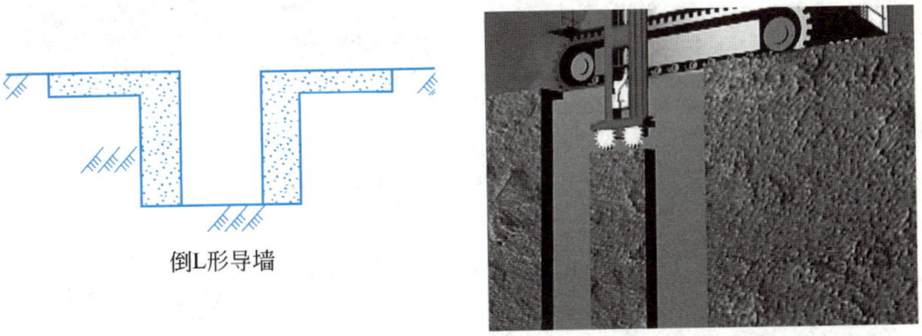

倒 L 形导墙

(a)

(b)

图 4-12　导墙形式及成槽方式示意

3. 双壁钢围堰施工技术

南京长江第二大桥南汊主桥主跨为 628m 的斜拉桥结构，主塔基础施工采用双壁钢围堰抵抗水压力作用，经过了 1998 年特大洪水的考验，实现安全度汛，如图 4-15 所示。

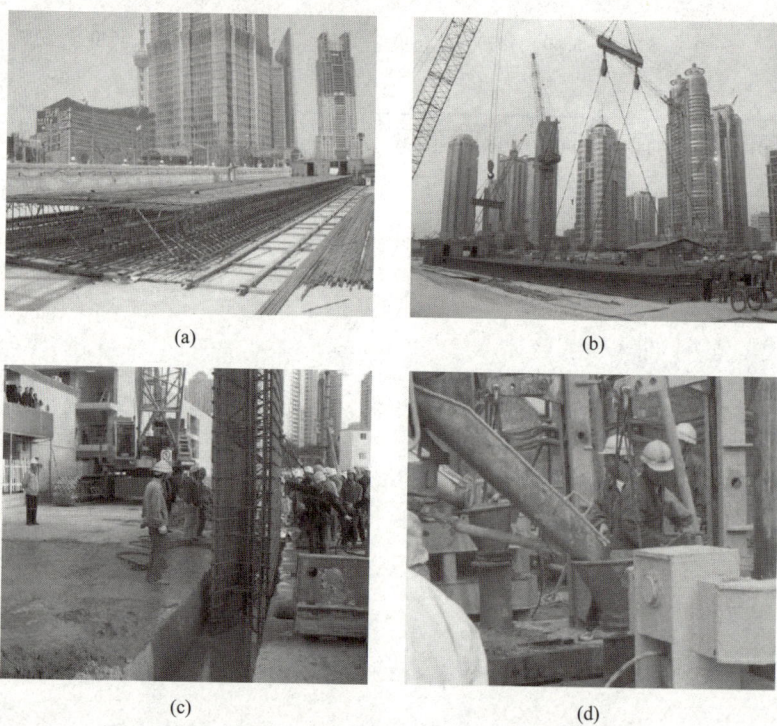

(a)

(b)

(c)

(d)

图 4-13　钢筋笼制作、吊装及混凝土浇筑

(a)

(b)

图 4-14　专用接头箱及其拔除施工

(a)

(b)

钢围堰

括号内为南端　括号外为北端　（单位：m）
(c)

(d)

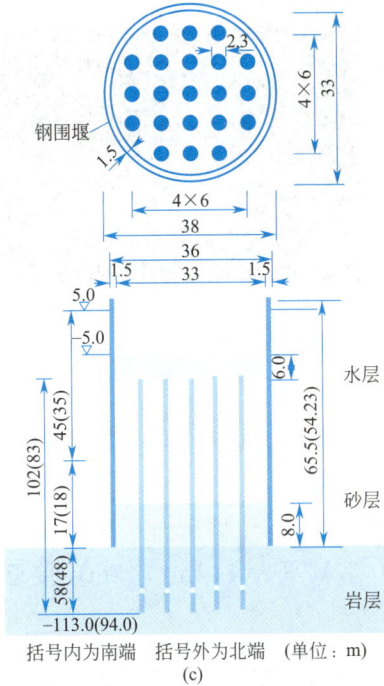

图 4-15　南京长江二桥钢围堰及基础施工实例

4. 钢吊箱施工技术

（1）单壁钢吊箱

苏通大桥辅航道桥为 140＋268＋140＝548m 的 T 形刚构桥，主墩基础为六边形高桩承台，设计采用单壁钢吊箱方案，如图 4-16 所示。吊箱上下分为两节，上下节段间采用螺栓连接，工厂制作，质量易保证，然后拖拉下滑入水，采用拖轮拖带浮运至现场，再采用大吨位起重船吊装套入护筒，支撑在护筒上，作为承台施工的外模板。上半截拆除时，只要松开螺栓，即可拆除。

(a)

(b)

(c)

(d)

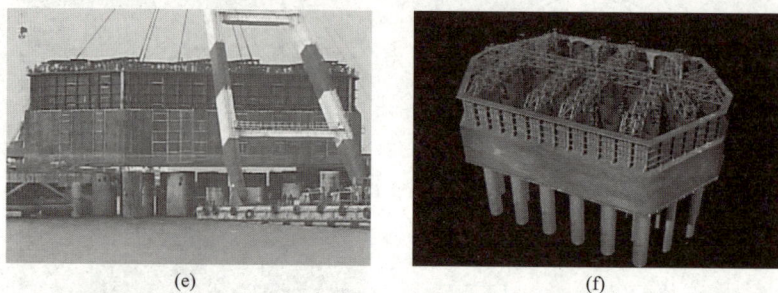

图 4-16　苏通大桥辅航道桥吊箱施工

（2）双壁钢吊箱

苏通大桥主桥采用 100＋100＋300＋1088＋300＋100＋100＝2088m 的双塔双索面钢箱梁斜拉桥，主塔高度 306m，斜拉索的长度 580m。苏通大桥主桥的主塔基础采用 2.5～2.8m 变直径深水群桩基础，承台哑铃型高桩承台，采用了双壁钢吊箱方案作为承台的模板，吊箱支撑在钢护筒上。基础平台 117m×48m，接近一个标准足球场大小，施工现场如图 4-17 所示。

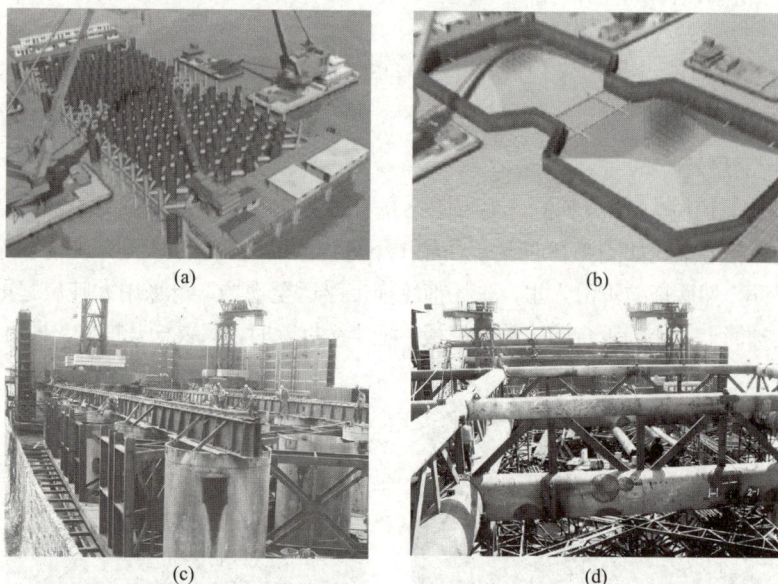

图 4-17　苏通大桥柱墩承台双壁钢吊箱施工现场

4.2.3　桥梁上部结构施工新技术

1. 挂篮施工技术

挂篮施工技术又称悬臂施工技术。悬臂施工法就是在已建成的桥墩上，沿桥梁跨径方向对称逐段施工的方法。它不仅在施工期间不影响桥下通航或行车，同时密切配合设计和施工的要求，充分利用了预应力混凝土承受负弯矩能力强的特点，将跨中正弯矩转移为支点负弯矩，提高了桥梁的跨越能力。

采用悬臂施工法适用于多跨连续梁、连续刚构、T形刚构和斜拉桥等桥型。悬臂施工法的常用结构体系如图 4-18 所示。

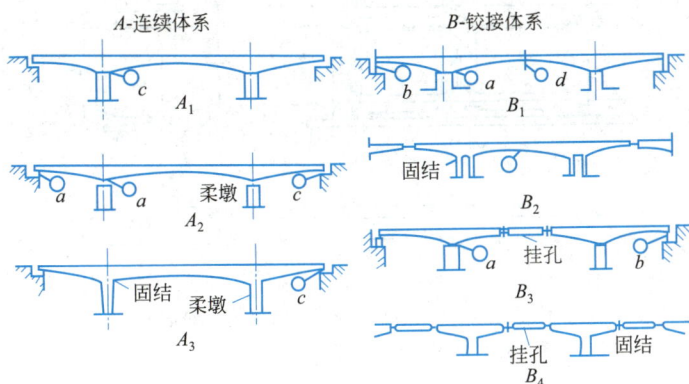

图 4-18 常用悬臂施工的结构体系

A_1—钢镦铰支连续梁；A_2—柔镦铰支连续梁；A_3—柔镦固结连续刚架；

B_1—铰接悬臂梁；B_2—连续框式悬臂梁；B_3—挂孔悬臂梁；B_4—带挂孔的 T 形刚构

a—混凝土铰；b—钢筋混凝土摆座；c—橡胶支座；d—剪刀铰

采用悬臂法进行桥梁结构施工时总的施工顺序是：墩顶 0 号块的浇筑；悬臂节段的预制安装或挂篮现浇；各桥跨间合龙段施工及相应的施工结构体系转换；桥面系施工。

要实现悬臂施工，在施工过程中必须保证墩与梁固结，尤其在连续梁桥和悬臂梁桥施工中要采取临时墩梁固结措施。另外采用悬臂施工法，很有可能出现施工期的体系转换问题，如对于三跨预应力混凝土连续梁桥，采用悬臂施工时，结构的受力状态呈 T 形刚构，边跨合龙就位、更换支座后呈单悬臂梁，跨中合龙后呈连续梁的受力状态。结构上的预应力配置必须与施工受力相一致。

悬臂施工法通常分为悬臂浇筑和悬臂拼装两类。悬臂浇筑是在桥墩两侧对称逐段就地浇筑混凝土，待混凝土达到一定强度后张拉预应力束，移动机具模板（挂篮）继续悬臂施工。悬臂拼装是用吊机将预制块件在桥墩两侧对称起吊、安装就位后，张拉预应力束，使悬臂不断接长，直至合龙。

（1）0 号块的施工

在悬臂法施工中，0 号块（墩顶梁段）一般均在墩顶托架上立模现场浇筑，并在施工过程中设置临时梁墩锚固，使 0 号块梁段能承受两侧悬臂施工时产生的不平衡力矩。临时固结、临时支承措施有：

1）将 0 号块梁段与桥墩钢筋或预应力筋临时固结，待需要解除固结时切断，如图 4-19 所示。

2）在桥墩一侧或两侧加临时支承或支墩，如图 4-20 所示；苏通大桥引桥采用墩顶设置竖向预应力筋临时锚固措施，如图 4-21 所示。

3）将 0 号块梁段临时支承在扇形或门式托架的两侧。

临时梁墩固结要考虑两侧对称施工时有一个梁段超前的不平衡力矩，应验算其稳定性，稳定性系数不小于 1.5。

（2）节段悬臂浇筑施工

用挂篮悬臂浇筑施工，是 1959 年首先由前联邦德国迪维达克公司创造和使用的，因此悬臂施工又称迪维达克施工法，它将梁体每 2.5m 分为一个节段，以挂篮为施工机具进

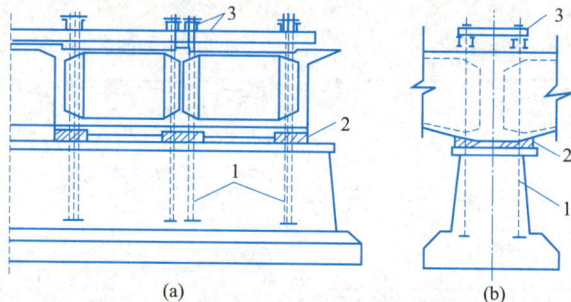

图 4-19　0 号块件与桥墩的临时固结构造

1—预埋临时锚固用预应力筋；2—支座；3—工字钢

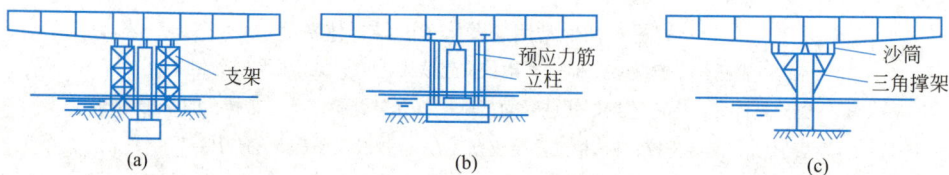

图 4-20　临时支承措施

图 4-21　苏通大桥北引桥临时支座构造

行对称悬臂浇筑施工。承重梁是挂篮的主要受力构件，可设置在桥面之上，也可设在桥面以下，它承受施工设备和新浇节段混凝土的全部重力，并通过支点和锚固装置将荷载传到已施工完成的梁体上。

当后支点的锚固能力不够时，可采用尾端压重或利用梁内的竖向预应力钢筋等措施。挂篮的工作平台用于架设模板、安装钢筋和张拉预应力束筋等工作。当该节段全部施工完成后，由行走系统将挂篮向前移动，动力可由电动卷扬机牵引产生，包括向前牵引装置和尾索保护装置，行走系统可用轨道轮或聚四氟乙烯滑板装置。

悬臂浇筑施工的周期一般为 6～12d，依节段混凝土的数量和结构的复杂程度而不同，在悬浇施工中，如何提高混凝土的早期强度对有效缩短施工周期关系较大，这也是现场浇筑施工法的共性问题。

悬臂浇筑施工可使用少量机具设备，免去设置支架，方便跨越深谷、大河和交通量大的道路，施工不受跨径限制，但因施工受力特点，悬臂施工宜在变截面梁中使用。据统计，1972 年以后建造的跨度在 100m 以上的预应力混凝土连续梁桥中，采用悬臂浇筑施工的就占 80％以上。由于施工的主要作业都是在挂篮中进行，挂篮可设顶棚和外罩以减少外界气候影响，便于养护和重复操作，有利于提高效率和保证质量；同时在悬浇过程中还可以不断调整节段的误差，提高施工精度。但悬臂浇筑施工与其他施工方法比较，施工期要长一些。

（3）节段悬臂拼装施工

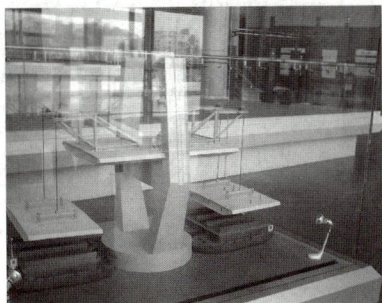

图4-22 节段悬臂拼装技术

悬臂拼装（示意图如图4-22所示）是从桥墩顶开始，将预制梁段对称吊装，就位后施加预应力，并逐渐接长的一种施工方法。悬臂拼装的基本施工工序是：梁段预制、移位、堆放和运输、梁段起吊拼装和焊接或施加预应力。

在悬臂拼装施工中，沿梁纵轴按起重能力划分适当长度的梁段，在工厂或桥位附近的预制场进行预制。

用于悬臂拼装的机具种类很多，有移动式起重机、桁式起重机、缆索起重机、汽车起重机、起重船等。

（4）合龙段施工

合龙段的施工常采用拼装和现浇两种方法。

采用拼装合龙，对预制和拼装精度的要求较高，但工序简单，施工速度快。

采用现浇合龙，因在施工过程中受到昼夜温差影响、现浇混凝土的早期收缩及水化热的影响、已完成梁段混凝土的收缩徐变影响、结构体系转换及施工荷载等因素的影响，需采取必要措施以保证合龙段的质量。

1）合龙段长度选择。合龙段长度在满足施工操作要求的前提下，应尽量缩短，一般采用1.5～2.0m。

2）合龙温度选择。一般宜在低温时合龙，遇夏季应在晚上合龙，并用草袋等覆盖，以加强接头混凝土养护，使混凝土早期结硬过程中处于升温受压状态。

3）合龙段混凝土选择。混凝土中宜加入减水剂、早强剂，以便及早达到设计要求的强度，及时张拉预应力束筋，防止合龙段混凝土出现裂缝。

4）合龙段采用临时锁定措施。采用劲性型钢或预制的混凝土柱安装在合龙段上下部作支撑，然后张拉部分预应力钢束，待合龙段混凝土达到要求强度后，张拉其余预应力束筋，最后再拆除临时锁定装置。

为方便施工，也可将劲性骨架作为预应力束筋的预留管道打入合龙段混凝土内。将劲性钢管安装在截面顶板和底板管道位置，钢管长度可用螺纹套管调节，两端支承在梁段混凝土端面上，并在部分管道内张拉预应力筋，待合龙段混凝土达到强度要求后，再张拉其余预应力束筋。也可在合龙段配置加强钢筋或劲性骨架。

5）为保证合龙段施工时混凝土始终处于稳定状态，在浇筑之前各悬臂端应附加与混凝土自重相等的配重（或称压重），配重需依桥轴线对称施加，按浇筑的混凝土的自重分级卸载。如采用多跨一次合龙的施工方案，也应先在边跨合龙，同时需通过计算，进行工艺设计和设备系统的优化组合。

（5）结构体系转换

结构体系转换是指在施工过程中，当某一施工程序完成后，桥梁结构的受力体系发生了变化，如简支体系变化为悬臂体系或连续体系等等，这种变化过程简称为体系转换，示意图如图4-23所示。

对采用悬臂法施工的悬臂梁桥和连续梁桥，为保证施工阶段的稳定，在结构体系转换

(a) T形刚结构(悬臂施工阶段)

(b) 简支+外伸梁结构(边跨合龙后)

(c) 三跨连续梁结构(中跨合龙后)

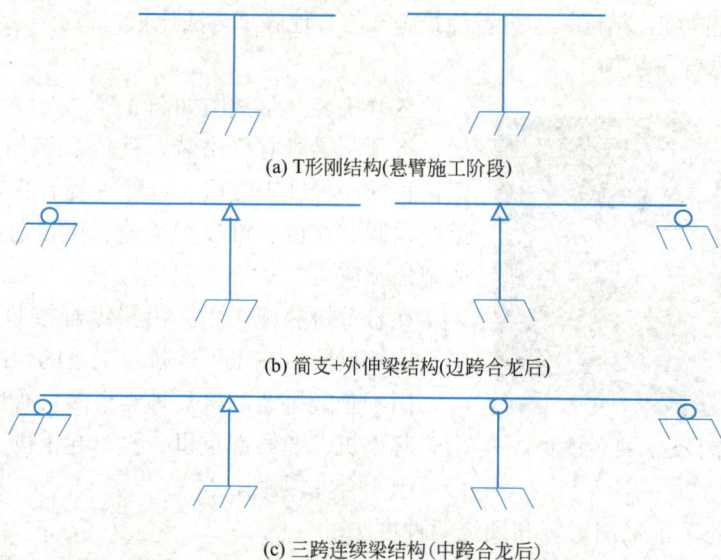

图 4-23　三跨连续梁不同阶段受力计算图式

的施工中应注意以下几点：

1）结构由双悬臂状态（见图 4-23a）转换成单悬臂受力状态（见图 4-23c）时，梁体某些部位的弯矩方向发生转换。所以在拆除梁墩固结前，应按设计要求，张拉部分或全部布置在梁体下缘的正弯矩预应力束，对活动支座还需保证解除临时固结后的结构稳定，如控制和采取措施限制单悬臂梁发生过大纵向水平位移。

2）梁墩临时锚固的放松，应均衡对称进行，确保逐渐均匀地释放。在放松前应测量各梁段高程，在放松过程中，注意各梁段的高程变化，如有异常情况，应立即停止作业，找出原因，以确保施工安全。

3）对转换为超静定的结构，需考虑钢束张拉、支座变形、温度变化等因素引起的结构次内力。若按设计要求，需进行内力调整时，应以标高、反力等多因素控制，相互校核。

4）在结构体系转换中，临时固结解除后，将梁落于正式支座上，并按标高调整支座高度及反力。支座反力的调整，应以标高控制为主，反力作为校核。

综上所述，采用悬臂施工的主要特点为：

1）从桥墩处开始向两侧对称分节段悬臂施工，桥梁在施工过程中承受负弯矩，桥墩也要承担不平衡弯矩。

2）非墩梁固结的预应力混凝土梁桥，采用悬臂施工时应采取措施，使墩、梁临时固结，因而在施工过程中应进行结构体系转换。对于带挂梁的 T 形刚构桥，主梁在施工中的受力状态与在运营荷载作用下的受力状态基本一致，结构的体系没有改变。

3）可供悬臂施工法采用的机具设备较多，就挂篮而言，就有桁架式、斜拉式等多种形式，可根据实际情况合理选用。

4）悬臂浇筑法施工简便，结构整体性好，施工中可不断调整标高，常用于跨径大于100m 的桥梁。悬臂拼装法施工速度快，桥梁上、下部结构可平行作业，但施工精度要求较高，可在跨径 100m 以下的大桥中选用。

5）悬臂施工法可不用或少用支架，施工不影响通航或桥下交通，适合于跨越深水、山谷、海洋等处，并适用于变截面预应力混凝土梁桥。

2. 桥梁节段模块化施工新技术

桥梁节段模块化施工就是将桥梁划分为短节段预制，同时混凝土收缩、徐变等因素，将全桥整体坐标转化为预制厂的局部坐标，利用已预制好的节段作为匹配梁的端模板、专业化生产台座和工艺进行节段预制，然后利用体内、体外预应力束，将架桥机吊装的节段拼装到位，再张拉，形成预应力结构的工艺。各施工工况示意如图 4-24～图 4-27 所示。

图 4-24 钢筋骨架预加工整体吊装入模

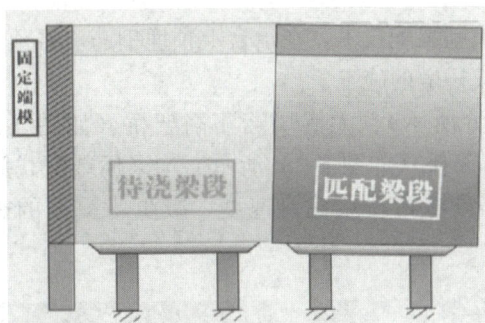
(a)

(b)

图 4-25 匹配技术

(a)

(b)

图 4-26 中跨对称悬臂拼装

3. 桥梁装配式技术

装配式桥梁是将桥梁结构划分为小的部件进行预制，再在现场拼装成整体的桥梁。其特点是将现浇施工转移到预制场完成，从而具有质量好、工效高、风险低、不中断交通等优点。

我国自 20 世纪 90 年代末逐渐在交通工程中应用预制装配式施工技术，近几年在全国各省份大面积推广应用下，预制装配式桥梁也成快速增长趋势。

如杭州湾大桥引桥、舟山连岛工程（如图 4-28a、b 所示）引桥施工中，为克服桥址

(a)　　　　　　　　　　　　　　(b)

图 4-27　边跨合龙段的悬挂技术

处潮差大、现浇施工困难，其桥墩采用了预制装配技术，在承台上预埋钢筋，将预制的桥墩吊装到位，然后现场仅现浇湿接头，完成桥墩的施工。

上海 S3、S7 公路工程（如图 4-28c、d 所示）、无锡凤翔路高架桥（如图 4-28e 所示）、南京 312 国道改扩建工程 NJ-SG5 高架桥（如图 4-28f 所示）均采用装配式施工技术建造，极大减少现场的作业时间，为提高城市桥梁建设速度、减少对交通的影响提供有力保障。

(a) 杭州湾引桥　　　　　　　(b) 舟山连岛工程　　　　　　(c) 上海S3公路工程

(d) 上海S7公路工程　　　　　(e) 无锡凤翔路高架桥　　　　(f) G312NJ-SG5高架桥

图 4-28　桥梁装配式施工案例

南京 G312 扩建工程某标段施工内容为装配式桥梁工程，主线高架桥全长 4974.1m，作为国内城市高架桥桥面最宽（最宽为 53m）、单体构件最重（最重构件 342t）预制装配式桥梁，其中桩基 907 根；承台 329 个；预制墩柱 386 个；预制盖梁 212 片（386 个预制节段）；桥预制箱梁 1839 片。

为保证施工质量和拼装精度，预制施工中应精确钢筋定位、连接处设置灌浆套筒和锚固波纹管，如图 4-29 所示。

预制墩柱施工流程如下：

原材料检验→钢筋加工制作→固定灌浆套筒→钢筋笼绑扎成型→钢筋笼入模→模板安装、翻转、固定→墩柱混凝土浇筑→墩柱混凝土养护→吊运至存放区。

预制墩柱安装流程：

预拼装→拼接面清理、测量→调节垫块找平→调节墩柱垂直度及空间坐标→充分湿润拼接缝表面→铺设砂浆垫层→墩柱吊装就位→临时固定设备安装→垂直度、标高测量→灌浆套筒灌浆连接。

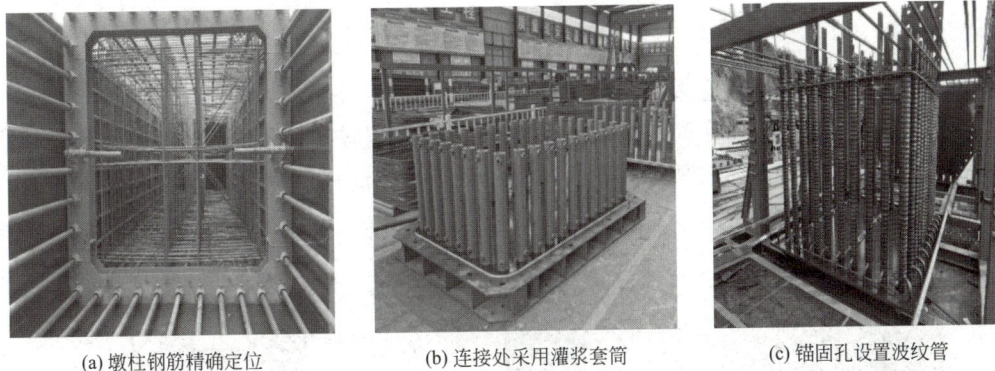

(a) 墩柱钢筋精确定位　　(b) 连接处采用灌浆套筒　　(c) 锚固孔设置波纹管

图 4-29　预制桥墩及拼装技术

4. 转体法施工新技术

对于跨越繁忙的铁路、公路和轨道交通线路及航道繁忙的河道上的桥梁施工，为了不影响既有线的运营，通常选择转体法施工。采用转体法施工三跨连续梁的工艺流程与悬臂挂篮施工流程基本相同。区别在于转体法节段施工是顺着既有线或河道进行支架现浇，施工成本低，但应增加球铰和牵引装置等成本；中跨合龙段采用吊模施工，整个施工过程不影响陆路交通和水上航运净空。

（1）一代转体法施工

图 4-30（a）为江苏吴江某跨河道三跨连续梁桥一侧岸边支架现浇的照片，它是一代转体法施工的代表。一代转体法是靠沿下承台周向布置的千斤顶顶着墩柱及梁体转动，所以在下承台外设置大转盘，转盘顶面沿周向设置许多孔洞，孔内插入钢柱作为千斤顶的后座。当千斤顶行程不足时，将千斤顶回缩并前移，再将钢柱插入前一孔内，周而复始，实现转体法施工。

（2）二代转体法施工

图 4-30（b）为兰州称泽沟特大桥跨铁路线转体施工现场照片。它是二代转体法施工的代表。二代转体法施工时，首先将承台分为上下两部分，下承台与桩固结在一起，上承

台与墩柱和梁体固结，上下承台间埋设有能绕桥墩中心轴转动的球铰装置，在上承台底侧预埋一对钢绞线组，并临时缠绕在上承台外侧，等到转体时，将钢绞线牵出，并与置于反力座上的连续千斤顶相连接，通过液压系统牵引桥及梁体墩绕中墩竖向中心轴转动。

为保证转体顺利进行，事先应对转动墩柱及梁体关于转动中心轴的不平衡力或力矩进行检测，若不平衡力矩过大，则应采取堆钢筋或水箱等配重的方法使其接近平衡。转体结束后，转动装置完成使命，上下承台间采用焊接钢筋、浇筑封盘混凝土，以使连成整体。

(a) 转体节段支架现场浇筑　　(b) 中跨对称水平转体就位

图 4-30　转体法施工

5. 移动模架逐孔施工工法

利用已施工的桥墩设置牛腿，在牛腿上安装模架梁和支撑模板系统，然后进行预应力混凝土梁施工，张拉压浆后整体落架，模架梁与模板系统整体前移过跨到下一孔后逐孔施工，如图 4-31 所示。一般首跨是标准跨径的 0.8 倍，连续梁的接头设置在下一跨距中间支座 0.2L 处。

图 4-31　移动模架逐孔施工工法

6. 顶推法施工

（1）工作原理

顶推法施工是在沿桥纵轴方向的桥台后设置预制场，分节段预制，并纵向用预应力筋将预制节段与施工完成的梁体连成整体，然后通过水平千斤顶施力，将梁体向前推出预制场地。之后继续在预制场进行下一节段梁的预制，循环操作直至完成全桥施工。该法适用于连续梁桥的施工，如图 4-32（a）所示。

为了减小悬臂长度，有时在永久桥墩之间设置临时支撑，以减小梁内因施工需要而布置过多钢筋，降低成本，如图 4-32（b）所示。

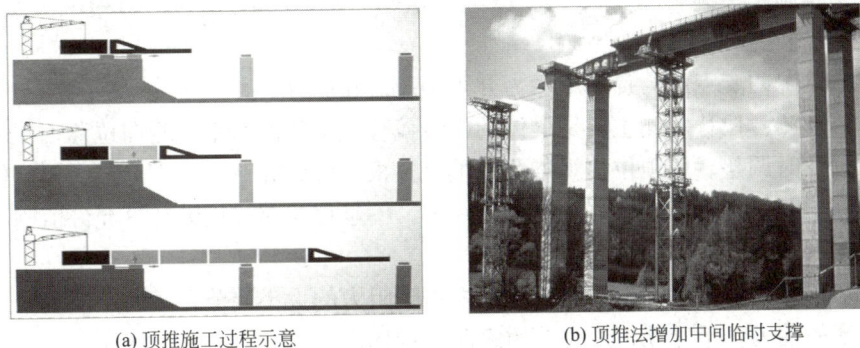

(a) 顶推施工过程示意　　　　　　　　(b) 顶推法增加中间临时支撑

图 4-32　顶推法施工

（2）顶推技术发展

顶推法随着施工技术的进步，顶推法施工目前经历两个发展阶段，第一代顶推法施工时，其顶推产生的水平力主要通过与墩柱顶等部位设置聚四氟乙烯板的摩擦传力，其水平主要靠墩柱来承受，所以，一方面应设法减小顶推时产生的摩擦力；另一方面增大临时或永久墩柱的抵抗水平力的能力。

第二代顶推法施工以步履式智能顶推系统为代表，设备见 3.6.5 节。施工现场布置如图 4-33 所示，在顶推的桥梁底部设置多组同步顶推设备，如图 4-34 所示，通过竖向千斤顶将桥梁顶起，并与桥墩脱空，然后通过纵向液压系统，使纵向千斤顶沿着座构的滑槽滑动，达到将桥体往前推移，当满行程后，竖向千斤顶回油，桥体回落到到桥墩或临时支撑上，实现单个行程的顶推施工，以此类推。当顶推桥梁发生偏移时，利用横向千斤顶进行纠偏，从而达到顺利顶推的目的。

临时支撑　机械系统群　永久桥墩　顶推施工平台　桥梁

图 4-33　步履式智能系统顶升施工示意　　　图 4-34　步履式顶推机械设备

第二代顶推施工流程包括：支撑平台设置→桥梁节段在临时支撑上拼装→顶升设备就位→桥梁竖向顶升→纵向顶推系统和桥梁前移→桥梁回落至支撑平台→纵向顶推机械系统复位→顶推过程中监测、监控→发现偏向偏位→横向纠偏系统工作，依次类推，直到全桥

到位为止。

图4-35为南京冶修二路下承式系杆拱桥采用步履式智能顶推系统实现跨秦淮河的顶推施工实例。

（3）顶推施工控制

1）顶推施工控制重点

①根据工况的支点反力计算摩擦力并与油压表相验证。

②位移观测：位移观测主要是梁体的中线偏移和墩顶的水平、竖向位移，在顶推过程需用千斤顶及时调整。墩顶位移观测非常重要，根据设计允许偏位作为最大偏位值，换算坐标，从施力开始到梁体开始移动需连续观测，一旦位移超过设计计算允许值则立即停止施力，重新调整各千斤顶顶推力。

③施加顶推力：各墩顶推力的大小是根据摩阻力的大小调节，并通过油表来反应，选用精度较高的油表。千斤顶、油表使用之前进行标定。

图4-35　南京冶修二路下承式系杆拱桥采用步履式顶推施工

④顶推系统使用前应按照操作流程进行调试与试验。

⑤每次顶推，必须对顶推的梁段中线进行测量，并控制在允许范围以内；如出现偏差，则需要立即调整。

⑥顶推过程中若发现顶推力骤升，应及时停止并检查原因。

⑦顶推时，应派专人检查导梁及箱梁，如果导梁构件有变形、螺栓松动、导梁与钢箱梁联结处有变形或箱梁局部变形等情况发生时，应立即停止顶推，进行分析处理。

⑧注意顶推过程中顶升力、平移力、下降力的变化。

⑨顶推到最后梁段时要特别注意梁段是否到达设计位置，须在温度稳定的夜间顶推到最终位置，并根据温度仔细计算测定梁长。

⑩最后一次顶推时应采用小行程点动，以便纠偏及纵移到位。

2）顶推施工主要控制措施

①顶推施工中观测项目

为了确保钢箱梁最终成桥后符合设计的线型要求和应力状态，需要对拼装顶推过程在动态和静态下各种工况，在风力、温度、日照等环境影响下进行施工过程分析，找出不利状态、最大变形值并进行详细观测和有效的控制，具体包括以下内容：

a. 钢箱梁底板在垫梁上接触情况观测，钢箱梁内腹板、底板最不利受力状态内力检测和分析。

b. 钢箱梁节段运输及起吊就位后的变形。

c. 因温度影响、日照不均匀、焊接累积误差而产生纵向长度变化；风的作用力对顶推影响，主纵梁平面点标高，横向位置（坐标）变化。

d. 垫梁顶面标高的变化：沉降和压缩变形、温度升降的变化、所有垫梁施力墩顶推时纵向位移及标高变化。

e. 钢箱梁挠度观测，每跨尾部接头端面竖向转角挠度测量，关键截面的应力测试；钢导梁挠度、受力变形观测及应力测试。

②同步顶推保证措施

在顶推过程中虽然不能保证摩擦力达到一致，但可通过千斤顶的同步来保证位移的一致来减小结构偏转的不利情况的发生。

当顶升千斤活塞伸出将箱梁顶起后，顶推千斤活塞伸出将梁顶推前移，此过程需进行位移同步控制、压力均衡控制、横向调节控制。主控台除了控制所有桥墩上顶推千斤顶的统一动作之外，还必须保证所有顶推千斤顶每行程的同步。其控制策略为：同一桥墩上的水平顶推千斤顶中以 1 号顶为主动点，以一定速度伸缸，其余水平顶为随动点并与 1 号顶比较，每台顶与 1 号顶的位移量差控制在设定值以内，若哪台顶伸缸较快，则减小相应的比例阀的流量，反之，则增大相应比例阀的流量。不同桥墩上水平顶推千斤顶的同步控制方式为：以 L_1 墩上的 1 号顶为主动点，L_2 墩-LN 临时墩的 1 号顶与之比较，若哪台顶伸缸较快，则减小相应的比例阀的流量，反之，则增大相应比例阀的流量，从而实现所有水平顶推顶的同步。此过程同步精度各墩之间可控制在 5mm 之内，同墩两侧可控制在 1mm 之内。顶推千斤顶缩缸则无需同步控制。

由于每台顶推千斤顶上安装一个用于监视载荷变化压力变送器，通过现场控制器或主控台上的面板可设定每台顶上的最高压力及同一桥墩上几台顶上的最大压差，计算机通过监测每台顶的载荷变化情况，准确地协调整个系统的载荷分配。如果某台顶的载荷达到设定的最高压力或同一桥墩上几台顶的最大压差大于设定值时，系统会自动停机，并报警示意。

这是一个以位移控制为主、压力控制为辅的同步控制系统如图 4-36 所示。

③竖向顶升控制

当竖向顶升千斤顶活塞伸出时将箱梁顶起，此过程主控台除了控制集群顶升千斤顶的统一动作之外，还要通过安装在箱梁和垫梁之间的位移传感器检测顶升的高度，保证两侧顶升千斤顶的同步。控制策略为以其中一侧为基准，两侧位移差控制在设定范围内，若跟随侧顶升高度较大，则减小该侧比例阀的流量，反之，则增大该侧比例阀的流量。此过程

梁体测量控
制线

1号

2号

3号

梁底控制标
记线

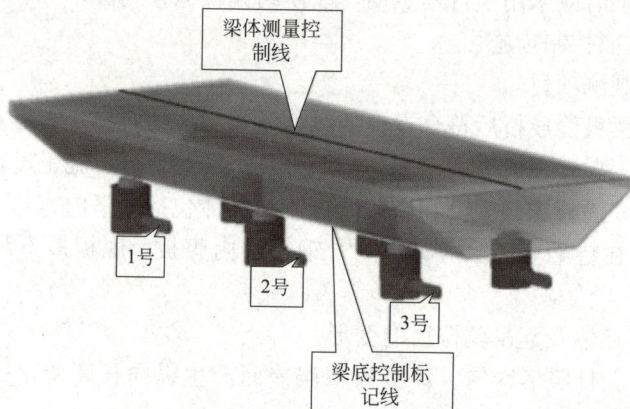

图 4-36　顶推监测、监控系统

同步精度可控制在 4mm 之内。

当竖向顶升千斤顶回缩时顶推楔块和梁下降并再次落到顶推装置支架上。此过程主控台除了控制集群顶升千斤顶的统一动作之外，还要通过安装在箱梁和垫梁之间的位移传感器检测顶升的高度，保证两侧顶升千斤顶的同步。控制策略为以其中一侧为基准，两侧位移差控制在设定范围内，若跟随侧顶升高度较大，则增大该侧比例阀的流量，反之，则减小该侧比例阀的流量。斤顶每行程的同步。此过程同步精度可控制在 4mm 之内。

由于每个受力点（4 台竖向顶升千斤顶）上安装 1 个压力传感器用于监控每个受力点的荷载。通过现场控制器或主控台上的面板可设定每个受力点的最高压力及同一桥墩上各受力点之间的最大压差，计算机通过监测各受力点的载荷变化情况，准确地协调整个系统的载荷分配。如果某个受力点的载荷达到设定的最高压力或同一桥墩上各受力点之间的最大压差大于设定值时，系统会自动报警、停机。

④平衡度的控制

由于每个桥墩的垫梁上安装有 1 个用于检测箱梁在 X 轴、Y 轴方向的倾斜角度的倾角传感器，因此通过设定每个倾角传感器在 X 轴、Y 轴方向的最大倾斜角度，即可控制箱梁的平衡度。若哪个倾角传感器在在 X 轴、Y 轴方向的倾斜角度超出设定值，系统即停机报警。

平衡度的检测及控制贯穿在整个顶推过程中。

⑤纠偏措施

在每个桥墩上适当的位置安装 1～2 个光电开关，检测中轴线是否与设计中轴线一致（箱梁的中轴线用通长黑色标识线示出）。通过色差的检测，从而实现对箱梁中轴线的检测。在水平顶推千斤顶伸缸，箱梁平移过程中，若哪个光电开关检测不到中轴线，则发出一个信号驱动相应的横向调节千斤顶动作直到光电开关检测到中轴线后停止动作，从而实现横向纠偏。

⑥累计误差的控制

在桥梁平移过程中，主控台通过计算每个受力点水平顶推千斤顶移动的总位移，并用最大位移量减去最小位移量得出累计误差，若累计误差超出要求时则停止"自动"模式进入"手动"模式，单独调节某一侧油缸动作以纠正误差。若通过全站仪监测到累计误差超出要求时亦停止"自动"模式进入"手动"模式，单独调节某一侧油缸动作以纠正误差。

⑦顶推过程线性控制

为保证钢梁线性满足设计及规范要求，在顶推过程中根据监控指令调整各个临时墩及永久墩顶的支撑高程。

4.2.4　桥梁检测鉴定技术

桥梁结构在服役期间，由于受荷载及外界环境的影响造成不同程度的损伤，所以对桥梁结构进行定期的检测是有必要的，为桥梁的安全运营提高保障。

目前桥梁常规检测方法还是采用传统的检测方法，比如桥面系平整度状况以及裂缝开裂情况等都是采用人工目测的方法，其他常规的检测技术还有：超声波探测技术、地质雷达探测技术、动力检测技术、冲击—回声检测技术、声波透射技术、涡流以及温度场检测技术等。

桥梁检测鉴定技术通过对主体结构的各项参数进行处理和分析，最后对客体结构进行检测评定，为以后的维修与加固提供技术支持。

1. 桥梁结构各项参数的采集

此过程是指通过事先做好的桥梁健康检测技术方案，对桥梁结构在正常运营下的各项参数进行采集，传统的桥梁检测方法往往是在中断正常交通的情况下进行的，所以采集到的参数不能反映出桥梁结构在正常运营下的工作状况，而桥梁健康检测系统则可以在不影响桥梁结构正常工作的情况下就可以对参数进行采集，并且桥梁健康检测系统还可以采集传统的常规检测方法所采集不到的参数，比如：桥梁结构的支座以及附属设施等的工作状态，同时还可以采集到桥梁机构所处工作环境的各种参数。总体而言，基于桥梁健康检测系统下桥梁结构的工作参数包含了结构工作状态下的各种变形参数、结构材料的各种变异参数、桥梁结构在车辆行驶下的冲击参数，以及桥梁结构在工作过程中外界环境中的各种影响参数等。

2. 桥梁结构各项参数的处理工作

桥梁健康检测系统中参数的处理，就是通过健康检测系统对采集到的各项参数进行计算和分析，最终形成能够和桥梁"健康指纹"或者桥梁健康检测系统内部的专家数据库中的参数进行对比的工作参数，并且还可以根据需要生成用于桥梁结构损伤诊断和进行荷载试验的方案等，这些数据经过处理以后可以根据需要生成当前状态下的桥梁"健康指纹"，以便以后之需。

3. 桥梁健康检测后的评定工作

桥梁健康检测的评定工作，是指通过上述两个工作环节以后，经过健康检测系统对桥梁结构的各项工作状况的参数进行一系列的处理，最后对该结构进行分析、比较等工作，最终确定该桥梁结构的健康状况，判定其是否还能够正常的工作，并且为其以后的维修、加固以及管理等工作的开展提供有力的参考和指导，同时，这些工作最终得出的结果还可以为以后同类桥梁的设计和施工工作提供真实的足尺模型。当前桥梁结构的整体性评估方法基本上可以分为三大类，即：神经网络法、系统识别法、模式识别法。并且桥梁健康检测系统内部已有三种评定方法，还可以根据需要植入其他的评定方法以供选用，其实最终确定的评定方法是在多种评定方法进行比较以后的统一。

4.2.5　桥梁结构加固新技术

传统的桥梁加固方法多种多样，并且各种加固方法对桥梁结构的不同部位都起到了一定的巩固作用，一般的旧桥加固方法都是为了使桥梁结构能够继续正常运营，增强其承载能力，常用的一些方法有：对桥面铺装层进行加固，扩大桥梁结构截面和增加结构的配筋面积；在结构表面喷锚混凝土方法，增强桥梁结构的横向连接；在结构表面粘贴碳纤维布；还有就是对桥梁结构进行体外预应力的处理等。

在对既有桥梁进行维修与加固的施工过程是根据桥梁结构的不同破损情况而进行的，所有具体的施工方法会有所不同，但是它们也有一定的共同点，所以，我们在施工过程中要遵循既有桥梁维修与加固工作的共性，同时还要借鉴《混凝土结构加固设计规范》GB 50367—2013，尤其是对规范中的桥梁结构所存在的特殊性，在以往加固的经验之上要有所创新，既要从技术方面有所提高，还要在所用材料方面有所改进，使越来越多的桥梁结构都能够有一套适合自己的维修与加固的方法。

1. 对桥梁结构的桥面采用加强层加固法

此方法的具体施工过程是将旧桥的混凝土桥面除去，这样可以使新铺装的混凝土层与桥梁结构结合为一个整体，扩大桥梁结构的横截面积，增强结构断面的抗压强度，同时还可以加强桥梁结构横向分布荷载的能力，从整体上达到提高桥梁结构整体承载能力的效果。

2. 对桥梁结构进行外包混凝土的加固方法

通过对桥梁结构进行外包混凝土加固，以达到扩大结构截面面积的效果，所以外包混凝土加固法又称为扩大混凝土截面加固法，这种加固方法可以提高桥梁结构构件部分的刚度和强度，并且还可以减小结构表面的裂缝宽度，增强整体结构的稳定性，值得注意的是：使用此加固方法的前提是要保证外包混凝土以下的结构构件的承载能力满足要求，并且加固方案中的尺寸要准确无误，这样才能达到理想的加固效果。

3. 桥梁结构表面粘贴钢板加固法

随着交通量的日益增多以及超载现象的频繁出现，主桥结构的承载能力出现严重不足，由此产生结构的表面裂缝，同时也增加了内部钢筋的进一步锈蚀，针对此破损状况，可以对桥梁结构进行粘贴钢板的加固方法，尤其是在混凝土结构容易产生受拉应力的部位以及出现裂缝的薄弱部位，经过粘贴钢板处理以后，整个桥梁结构又重新形成一个整体，达到了增强整体结构承载能力的效果。

4. 对桥梁结构表面进行喷锚混凝土的加固方法

此方法是桥梁结构加固方法中比较常用的手段，首先将破损部位的残余混凝土凿除，然后植入补强钢筋，形成钢筋网，再用高压喷射机械喷射速凝混凝土，以确保新老混凝土连成整体，共同受力变形。喷锚混凝土不用振捣，因为新混凝土在喷锚过程中会不断地发生撞击，可以达到理想的粘结强度。目前在喷锚混凝土加固方法时，在混凝土中添加各种纤维以弥补混凝土结构存在的先天性缺陷，不仅在混凝土的抗拉、抗剪和抗扭方面还是在增强其韧性方面，都有比较显著的效果。

5. 改变桥梁结构的整体受力体系的加固方法

既有桥梁结构在原有的受力体系状态下，如果不能继续正常运营，那么我们可以考虑改变其原有的受力体系，以达到加强结构整体承载能力的效果，其基本原理是通过减小和控制结构截面的应力而使桥梁结构的承载能力得到改善。尤其是拱式结构可以将拱上结构变为梁式结构，这样就可以使拱上的荷载均匀地分部到拱结构上，使受力更为合理。

6. 对桥梁结构进行体外预应力处理的加固方法

此方法主要适用于梁式结构超出正常使用极限状态的情况，对既有混凝土梁式桥进行体外预应力加固，能够使原来受拉区的表面裂缝数降到最低（消除或减少），提高桥梁结构的整体刚度。

7. 纤维复合材料加固方法

纤维复合材料加固方法是近几年以来发展比较迅速的一种加固方法。FRP 作为一种新型的既有钢筋混凝土桥梁的加固材料，目前在国内外得到了迅速的发展，由于此材料具有轻质、高强、施工方便、抗腐蚀性能好等优点，在土木工程领域的各种钢筋混凝土结构中得到了广泛的应用。主要材料有碳纤维、玻璃纤维、混杂纤维等。

4.2.6　桥梁结构专项施工方案实例

本节介绍某工程高支模专项施工方案的编制与审批情况，供大家参考。

1. 编制依据

(1)《××××配套工程施工承包合同》

(2)《客运专线铁路桥涵工程施工质量验收暂行标准》（铁建设〔2005〕160 号）

(3)《客运专线铁路桥涵工程施工技术指南》TZ 213

(4)《客货共线铁路桥涵施工规范》Q-CR-9652

(5)《铁路混凝土工程施工质量验收补充标准》（铁建设〔2005〕160 号）

(6)《铁路混凝土工程施工技术指南》TZ 210

(7)《铁路桥涵设计基本规范》TB 10002.1

(8)《铁路工程施工安全技术规程》TB 10401.1

(9)《建筑施工碗扣式钢管脚手架安全技术规范》JGJ 166

(10)《钢管满堂支架预压技术规程》JGJ/T 194

2. 工程概况

×××正线桥起点桩号均为 HDK1219+505.038，终点桩号为 HDKK0+225.184。

桥长为 155.9m，孔跨布置为 20.95m+21m+3×24m+21m+20.95m 连续梁，最大跨度为 24m。梁体截面为带悬臂等高实体截面，跨中梁高 1.5～1.574m，墩顶梁高 2.2～2.274m，顶板宽 11.4m，底板宽 7.4m，与中墩墩身连接处设 250cm×70cm 梗肋，梁顶横向设 2% 的反人字坡，梁体混凝土采用 C40 高性能混凝土，混凝土方量为 2181.6m³。桥梁在站场内是直线平坡段。

根据站房工程工期安排，沪汉蓉正线不与相邻站房结构同步施工，而是在站房底板 2-3 轴、6-7 轴，顶板 1-2 轴、3-6 轴、7-8 轴施工完成后，单独进行桥梁结构施工。由于站房部位正线桥为高架桥，根据结构设计图纸，底板面标高为－10.1m，正线桥桥面标高为 10.26m，沪汉蓉正线 2-3 轴及 6-7 轴梁体模架支设高度约 18.86m，1-2 轴、3-6 轴、7-8 轴顶板上支设高底约 9.56m。支架搭设宽度约 11.6m，支架搭设长度 156m。

2-3 轴及 6-7 轴支架基础为厚度 800mm 的地下室底板，3-5 轴支架基础为厚度 800mm 的地铁结构顶板，1-2 轴、5-6 轴及 7-8 轴为支架基础厚度 300mm 的地下室顶板。

根据正线桥施工组织设计，支架采用碗扣式脚手架，满堂布置，其中在 2-3 轴、6-7 轴留设 3.5m 宽施工通道。

如图 4-37 所示，区域一和区域二的支架与××正线和××正线的支架搭设设计相同，××正线和××正线已经浇筑完毕，所以这两部分的支架具有足够的安全性，区域三上部为板厚分别为 300mm 的地下室顶板，其承载能力为 40kN/m²，由于区域一和上部的梁体传下来的荷载为 62.2kN/m²，无法满足承载力要求，故暂不拆除区域三的支架，确保地下室顶板具有足够的承载能力来支撑区域一传下来的荷载。

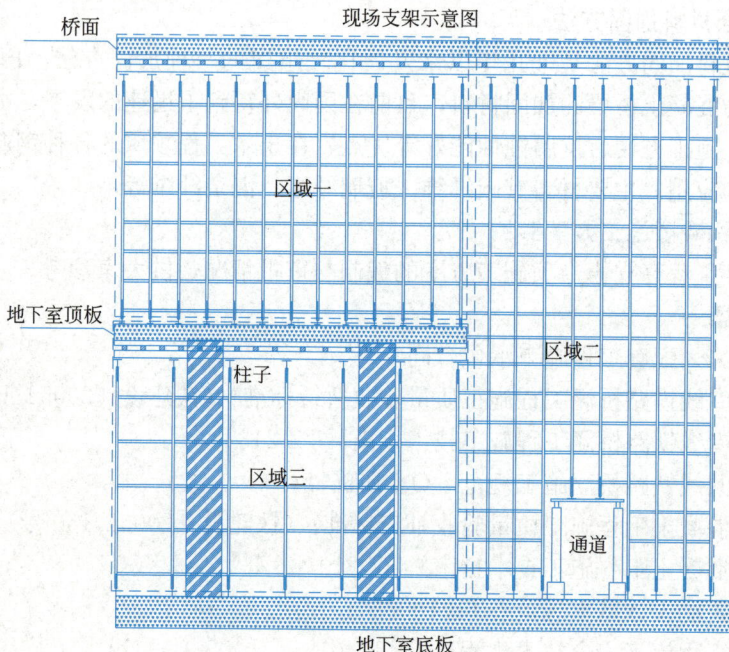

图 4-37　现场支撑示意图

3. 模板及支撑架的设计

（1）区域一、二的支架

1）支撑架立杆底座 1-2 轴、5-6 轴及 7-8 轴底托直接落在地下室顶板上，2-3 轴及 6-7 轴底托落在地下室底板上，3-5 轴底托直接落在地铁顶板上（设计提供地铁顶板可承受 70kN/m²，满堂支架、梁体及施工荷载总计 62.2kN/m²，地铁顶板能满足施工荷载要求；地下室顶板的承载力为 40kN/m²，不能满足要求，地下室顶板底部支架不拆除）；2-3 轴和 6-7 轴之间搭设施工通道，如图 4-38 所示，后浇带区域支架加固如图 4-39 所示。1-1 截面支架加固示意图见图 4-40。

梁体模板支撑架全部采用 ϕ48×3.0mm 碗扣式钢管满堂脚手架；剪刀撑和水平撑为 ϕ48×3.0mm 钢管，利用扣件与支架固定。

施工通道处先于地下室底板上浇筑截面为 1.0m×1.0m 混凝土防撞基础，基础上采用 ϕ480×10mm 钢管立柱支撑，上面架设双 45c 工字钢作为主梁，梁上铺 16 号工字钢作为次梁，之上再采用碗扣式钢管脚手架。

2）水平模板支撑架立杆布置尺寸均为 0.6m×0.6m，步距为 1.2m。

3）所有碗扣式钢管模板支撑架的接高立杆，其上下端部的碗扣必须安装纵横平杆，平杆步距为 0.6m。

整个支撑架的外侧及施工流水段的断面必须设置通高的双向剪刀撑，钢管与地面的倾

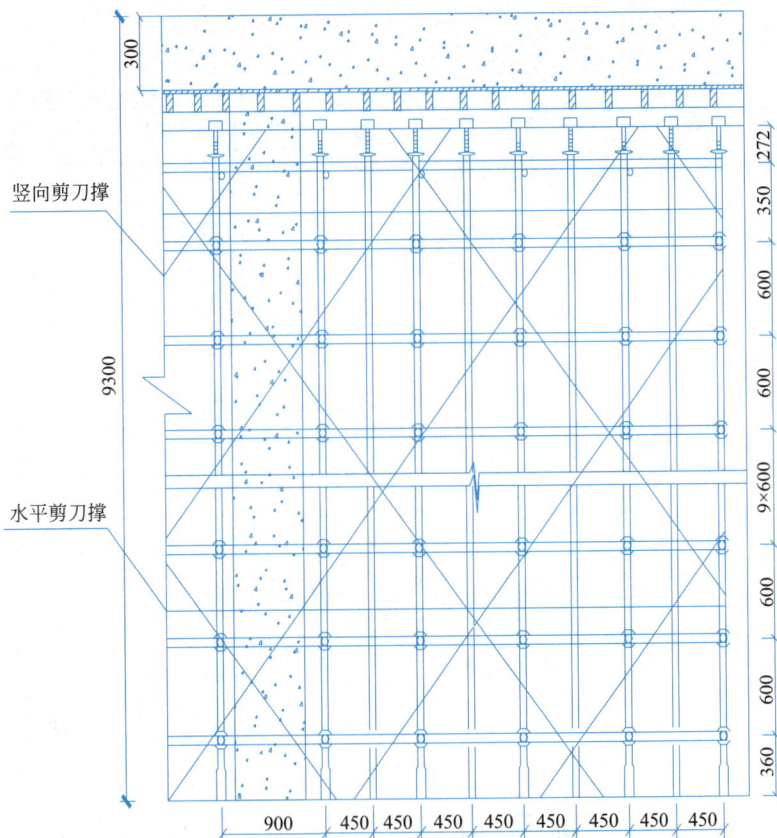

图 4-38　6-7 轴之间的悬挑板下面的支架示意

角宜为 45°～60°，扣件式钢管的搭接长度为 0.8m 并且使用 3 个扣件连接。支撑架、剪刀撑、连系杆、顶撑杆等均为 ϕ48×3.5mm 钢管。双向剪刀撑的排列应以梁的中心对称布置安装。

4）梁底模板采用优质镜面板，主龙骨采用 150mm×100mm 木方（横向布置间距 0.6m），次龙骨采用 100mm×100mm 木方（纵向布置间距 0.15～0.20m）。

5）支撑架外侧应设置安全网（水平安全网，使用大眼网兜，网目不大于 100mm，满堂布置）。

6）水平结构施工面，必须于支撑架的外侧立面设置安全防护栏杆，立杆高不小于 1.2m，两道横栏杆，满设密目安全网。

支撑架外侧必须搭设钢管斜梯（马道）供人员上下通行，梯子外侧必须架设钢管扶手栏杆，并在踏步下方和扶手上布设安全网（使用大眼兜网，网目小于 100mm）。

（2）通道

通道的位置留在 2-3 轴之间和 6-7 轴之间，该通道设计采用宁安正线的通道方案，宁安正线的通道施工方案已经在施工中应用，证明安全可靠，此处不再复述。

4. 水平模板及支撑架的安装

（1）物资、工程技术、安质等部门的相关人员及劳务操作人员应严把材料进场质量关，不合格材料或破损的材料坚决不准进场，已进场的必须退场。

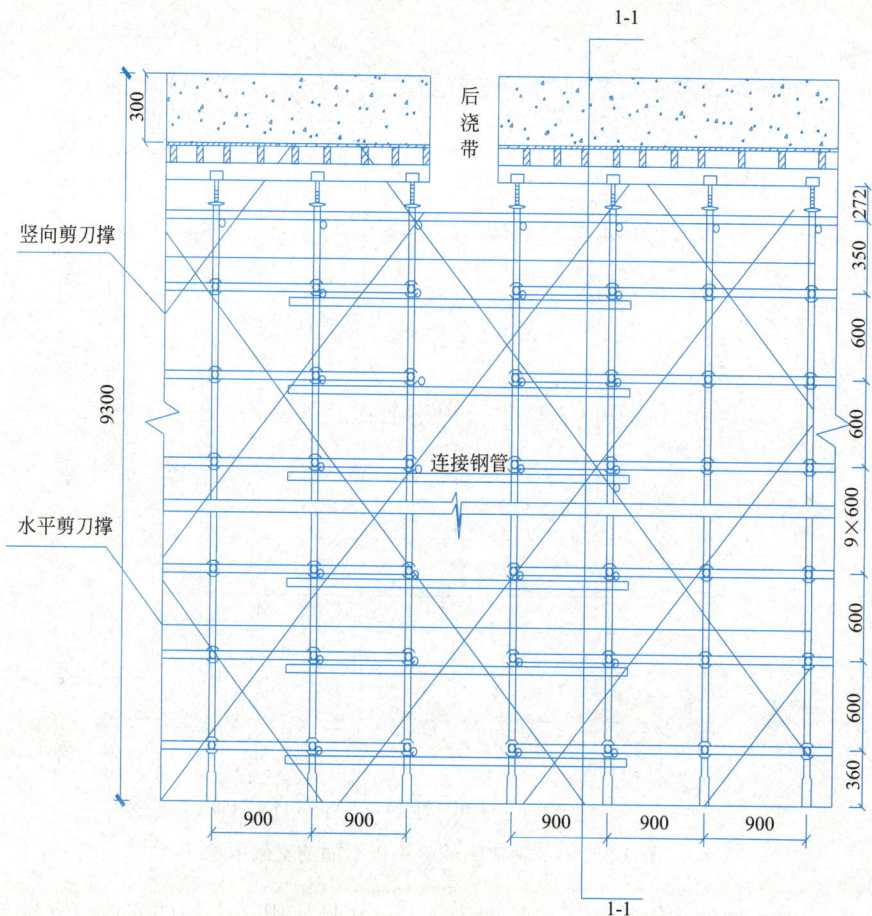

图 4-39　后浇带区域支架加固示意

（2）安装顺序：支撑架立杆位置放线（从梁中心向两边排距）→放置立杆底座（需要时可放置槽钢或木方等）→安装首层立杆、平杆……安装顶层立杆、平杆→由下而上安装支撑架之间的钢管连系杆、由下而上安装双向钢管剪刀撑→安装水平模板可调 U 形顶托→调节模板 U 形顶托之间的高差达到起拱技术要求→安装主龙骨→安装次龙骨→铺装梁底模板→堆载预压→调整模板高差→绑扎钢筋→安装翼板模板→绑扎钢筋→钢筋验收→浇筑混凝土→混凝土初凝后立即用塑料薄膜覆盖，上部再加一层土工布进行保温。

（3）剪刀撑连系杆，顶撑杆等连接点均应靠近支撑架杆件的节点部位，上述辅助杆件应与碗扣支撑同步安装。

（4）梁侧模板的斜支撑，使用扣件须与支撑架的横杆连接。

（5）必须锁紧支撑架上所有的碗扣、扣件、螺栓等紧固件。

（6）梁体模应按设计要求起拱，起拱值分设计起拱值与模架预起拱值，二者相加作为架体的预起拱值。设计起拱值见设计图纸《南京南站 156m 范围内连续刚构梁预拱度表》。

（7）梁下主钢筋与底模面板之间横垫钢管、钢筋或其他刚性垫块（其垫起高度应根据钢筋混凝土保护层的厚度而定），以确保钢筋混凝土保护层的厚度及防止底筋露出锈蚀。待底模面板拆除后，剔出横垫钢管或钢筋，用防水砂浆抹平。

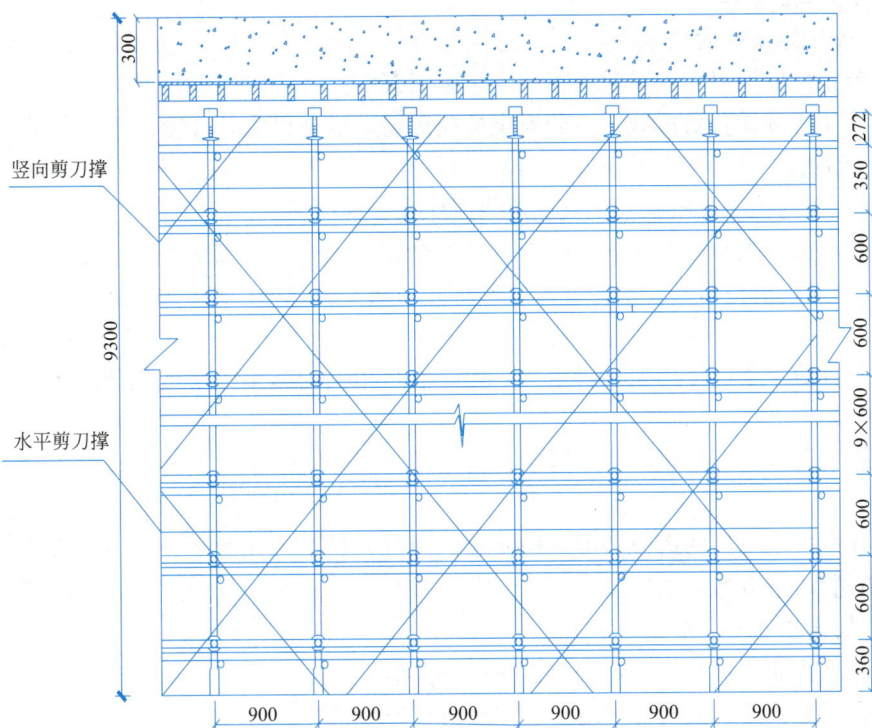

图 4-40　1-1 截面支架加固示意

（8）梁体模板支撑架的安装及拆除工作，必须经过安全工程师、技术质量工程师及监理工程的联合验收。

5. 支架预压

由于×××正线与××正线情况相同，××正线已施工完成，其实际支架的沉降值完全适用于×××正线，本方案支架采用××正线的支架实测值进行支架高度调整。

根据正线实际支架沉降值取平均值作为×××支架的调整值，1-3 轴、5-8 轴取 23mm，3-5 轴取 12mm。

6. 模板及支撑架的拆除

（1）模板及支撑架拆除前必须编制拆除方案，并向上级主管部门提出书面申请，经过相关单位和部门确认后才能组织拆除施工。

（2）拆除区域设置警戒线，指定安全员监督施工。

（3）拆除施工工序：混凝土梁结构满足拆模要求后，拆除立模的拉杆，侧板→旋转螺栓使 U 形顶托降约 10cm→拆除次龙骨、主龙骨→拆除梁侧模、梁底模面板→拆除最上层碗扣脚手架平杆、立杆 U 形顶托→由上而下依次分层碗扣脚手架平杆、连系杆、剪刀撑→拆下的材料及时清运出场。

（4）梁体模板及支撑架严禁采用早拆模施工技术拆除梁体模板及支撑架应满足下列两个条件：

1）混凝土浇筑完成 28d 后且强度达到 100% 要求（以同条件养护的混凝土试块强度为准）。

2）面层施工的活荷载解除后。

7. 安全施工管理

（1）安全施工一般要求

1）施工前应对操作人员进行书面安全施工交底。

2）施工区域设置警戒线；专职安全员应现场进行全程监督管理。

3）施工单位及操作人员应遵守国家、行业有关建筑安全施工的法律、法规。作业人员应依照相关的施工方案及安全交底进行工作或合理调整。

4）现场操作人员必须用好"三宝"即安全帽、安全带、安全网；安全系统人员按责任区域巡回对现场进行安全监督管理，预防并消除安全隐患；施工现场严禁违章指挥及违章作业。

5）超高或承重的支撑架（脚手架）均应依照相关的施工方案或依照现场情况设置双向剪刀撑。

6）现场严禁工人搭设脚手架时不系安全带。高处脚手架及斜梯应设置安全立网及水平兜网。

7）在进行支撑架的搭设和拆除作业时，操作人员不得任意下抛木方（人工传送或绑扎绳索传送）；不得抛接配件。

（2）搭设作业安全措施

1）架上作业人员必须系好安全带并站稳把牢。

2）在架上传递、放置杆件时，应注意防止失衡闪失。

3）安装较重的杆部件或作业条件较差时，应避免单人单独操作。

4）剪刀撑及其他整体性拉结杆件应随架子高度的上升及时装设，以确保整架稳定。

5）禁止使用材质、规格和缺陷不符合要求的杆配件。

6）严禁在架上嬉闹和坐在栏杆上等不安全处休息。

（3）拆除作业安全措施

1）拆除梁模板时，应按规定的时间进行。

2）由上而下分层拆除支撑架杆件。

3）拆下落地的模板及杆件应及时运出。

8. 材料技术质量要求

（1）碗扣式钢管、扣件式钢管

1）钢管规格：$\phi48\times3.5mm$；外径及厚壁尺寸允差$\pm0.5mm$。

2）钢管内外表面锈蚀的深度不大于0.5mm。

3）立柱钢管弯曲要求：$3m<L\leqslant4m$，弯曲值不大于12mm；$4m<L\leqslant6.5m$，弯曲值不大于20mm。

4）焊缝要求饱满，焊高满足要求，无开焊、漏焊问题。

5）成品表面无混凝土残渣、凹陷、焊接加长等问题；表面除锈后均喷涂防锈漆及面漆各一遍。

6）优先选用新的产品；选用旧的产品其至少八成新。

（2）扣件

1）扣件要求无裂缝、砂眼、变形。

2）配的螺栓等配件齐全并符合质量要求。

3）用新的产品；选用旧的产品至少八成新。

（3）可调 U 形顶托

1）顶托使用的钢板厚度不宜小于 4.5mm。

2）径不宜小于 35mm。

3）螺母的高度不宜小于 40mm，并有扳动的手柄。

4）调节丝扣均为 T 形，螺距 4～6mm。

5）顶托 U 形钢板与螺杆之间要求配 4 块筋板焊接牢固，焊缝饱满，焊高满足要求，无开焊、漏焊问题。

6）优先选用新的产品；选用旧的产品其至少八成新。

（4）镜面板

技术要求和产品标准：

1）尺寸：1220mm×2440mm；

2）长度公差：±1mm/m；

3）对角线公差：±1mm/m；

4）厚度公差：±1mm/m；

5）含水率：8%～10%；

6）开胶、断裂、起层：无；

7）板边缺损、表面修补：无；

8）表面凹陷、压痕、鼓包、焦瘤、毛刺：无；

9）弹性模量：纵向≥8730N/mm²，横向≥6440N/mm²；

10）静曲强度：纵向≥15.3N/mm²，横向≥12.2N/mm²；

11）密度：约 700kg/mm³。

（5）木方

选材：150mm×100mm 木方、100mm×50mm 木方（白松等吸水变形较小的锯材）。

技术要求和产品标准：

1）长度允许偏差：+60mm，−20mm；

2）截面边长允许偏差：±2mm；

3）弯曲度：≤2%；

4）斜纹：≤10%；

5）含水率：8%～16%；

6）裂纹夹皮长比不大于 15%；

7）断裂、接长、死结、腐朽、虫眼：无。

9. 模板支架验算

由于×××支架底部所需的承载力为 62.2kN/m，而地下室顶板预留的施工荷载为 40kN/m²，无法满足要求，故暂不拆除地下室顶板下面的支撑。由于区域一和区域二在××正线和××正线的情况相同，此处只对区域三进行验算。

（1）地下室顶板上部荷载参数

梁体为等截面低高度实心连续梁，梁平均高 1.537m，板顶宽 11.4m，板底宽 7.4m。

1）梁底荷载

$P_1 = 26\text{kN/m}^3 \times 1.537\text{m} = 40\text{kN/m}^2$（钢筋混凝土重力密度 26kN/m³）

2）模板自重：

$P_2 = 7\text{kN/m}^3 \times 0.018\text{m} = 0.144\text{kN/m}^2$

3）次楞木自重面荷载：

100mm×50mm 木方：$P_3 = 7\text{kN/m}^3 \times 0.025 = 0.18\text{kN/m}^2$

4）主楞木自重面荷载：

150mm×100mm 木方：$P_4 = 7\text{kN/m}^3 \times 0.025 = 0.18\text{kN/m}^2$

5）地下室顶板以上支架自重：

$P_5 = 3.75 \text{ kN/m}^2$

6）混凝土浇筑冲击、振捣荷载：$P_7 = 4\text{kN/m}^2$

7）施工人员和设备荷载：$P_8 = 2.5\text{kN/m}^2$

恒载：$P_1 + P_2 + P_3 + P_4 + P_5 = 44.254\text{kN/m}^2$

活载：$P_6 + P_7 = 6.5\text{kN/m}^2$

（2）地下室顶板支撑基本搭设参数

模板支架高 H 为 8.6m，立杆步距 h（上下水平杆轴线间的距离）最上步取 1.2m，杆纵距 l_a 取 0.9m，横距 l_b 取 0.9m。由于×××正线桥下部地下室顶板的板厚为 300mm，根据《地下室顶板高支模专项施工方案》，300mm 厚的板立杆伸出顶层横向水平杆中心线至模板支撑点的自由长度 a 为 0.272m。整个支架简图如图 4-41 所示。

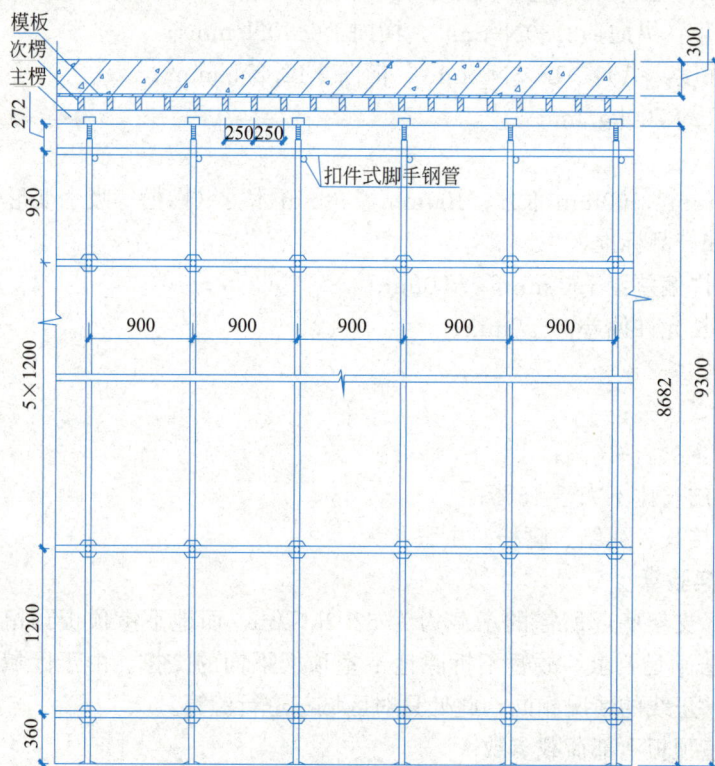

图 4-41　支架简图

模板底部的方木，截面宽 50mm，高 100mm，布设间距 0.25m。

（3）区域三的稳定性验算（立杆计算简图如图 4-42 所示）

$$q=1.2\times44.254+1.4\times6.5=62.2kN/m^2$$

$$\sigma=\frac{N}{\varphi A}\leqslant f$$

式中　φ——轴心受压立杆的稳定系数，根据长细比 λ 按《建筑施工碗扣式钢管脚手架安全技术规范》附录 C 采用；

A——立杆的截面面积，取 $4.24\times10^2 mm^2$。

计算长度 l_0 按下式计算：

$l_0=h+2a=1.2+2\times0.272=1.744m$ 大于

最大步距 1.2m，故 l_0 取 1.744m。

式中　h——支架立杆的步距，取 1.2m；

　　　a——模板支架立杆伸出顶层横向水平杆中心线至模板支撑点的长度，取 0.272m。

$\lambda=l_0/i=1.744\times10^3/15.9=110$

查《建筑施工碗扣式钢管脚手架安全技术规范》附录 C 得 $\varphi=0.516$

立杆的抗压强度设计值：$f=205 N/mm^2$

由于立杆已承受地下室顶板梁的一部分荷载，产生了预压应力，故将抗压强度设计值取 0.8 的折减系数：

$\sigma=0.8\times205=164 N/mm^2$

$N=\sigma\times\varphi A=164\times0.516\times4.24\times102=36598.18N\approx36.60kN$

所以地下室满堂支架的承载能力：$q=N/(0.9\times0.9)=45.18kN/m^2$

正线桥梁施工荷载传递机制为先是地下室满堂支架充分受力，然后是地下室顶板受力，地下室顶板的承载能力为 40kN/m²（设计院已确认）。

由于 $62.2-45.18=17.02kN/m^2<40 kN/m^2$

所以支撑体系安全。

6-7 轴悬挑区域和后浇带区域，对支架的竖向步距进行加密，由原来的 1.2m 加密为 0.6m，纵向每排立杆相邻立杆之间增加一道立杆，间距由原来的 900mm 改为 450mm，验算时不考虑板的承载能力，新浇地下室顶板的自重为 $0.3\times25=7.5kN/m^2$，支架自重为 3.5 kN/m² 计算长度 l_0 按下式计算：

$l_0=h+2a=0.6+2\times0.272=1.144m$，大于最大步距 0.6m，故 l_0 取 1.144m

$\lambda=l_0/i=1.144\times10^3/15.9=72$

查《建筑施工碗扣式钢管脚手架安全技术规范》附录 C 得 $\varphi=0.765$

$N=(62.2+1.2\times7.5+1.2\times3.5)\times0.9\times0.45=30.537kN/m^2$

$\sigma=N/(\varphi A)=30.537\times10^3/(0.765\times4.24\times10^2)=94.15N/mm^2<f=205N/mm^2$

立杆的抗压强度设计值：$f=205N/mm^2$

满足要求。

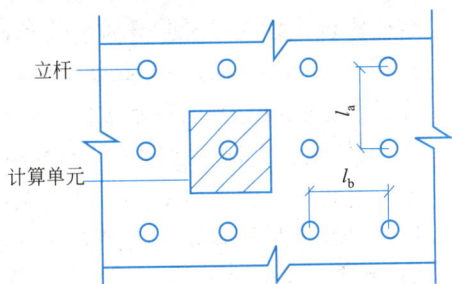

图 4-42　立杆计算简图

10. 附图（略）

11. 根据专家意见修改补充内容

（1）专家组意见

1）墩柱模板支撑必须加强，保证墩柱的垂直度。

墩柱模板设计支撑经验算满足要求，详见正线桥施工组织设计"9.3 墩柱竹胶模板设计与验算"（由于篇幅有限，此处从略）。

施工中按照规范要求控制墩柱平面尺寸，墩柱验收无垂直度要求。

2）梁体施工工程加强过程控制及验收。

施工过程中，由项目部安质部牵头，会同工程部、试验室、架子队进行施工过程监控，抓好过程控制与验收，确保不将问题留到最后。

3）模板的拼缝进行细化，保证浇筑混凝土过程不漏浆。

详见附图"156m 范围内××正线模板拼装示意图"及"156m 范围内宁安正线、沪汉蓉正线模板拼装示意图"。

4）浇筑方案采用斜向分层，并加强施工管理。

按照要求方案进行混凝土浇筑，现场混凝土浇筑成立以项目部生产副经理为首的领导小组：

混凝土浇筑领导小组：

组长：骆××

组员：×××、×××等

5）支架基础验算，尤其是地铁顶板的安全验算，必须得到设计单位及地铁公司的认可。

①支架基础直接搭设在地下室底板上（80cm 钢筋混凝土），相应荷载满足支架荷载要求。

②地铁顶板的安全验算

A. 跨中部分

取三跨计算：$A = 1.08 \text{m}^2$

支架高度：$h = 19.92 - 9.5 - 0.45 - 0.45 = 9.52 \text{m}$

$$n = \frac{h}{l_0} = \frac{9.52}{1.2} = 8 \text{ 根}$$

立杆质量：$m = m_0 \cdot n = 8 \times 7.41 \times 8 = 474.24 \text{kg}$

横杆质量：每层：$2.82 \times 10 = 28.2 \text{kg}$

总质量：$28.2 \times 9 = 253.8 \text{kg}$

支架总质量：$m = 474.24 + 253.8 = 728.04 \text{kg}$

即：0.73kN

支架荷载：$p_1 = 0.68 \text{kN/m}^2$

混凝土荷载：$p_2 = 26 \times 1.5 = 39 \text{kN/m}^2$

跨中部分总荷载：$p = p_1 + p_2 = 39.68 \text{kN/m}^2$

B. 梁端部分

支架荷载：$p_1 = 0.68 \text{kN/m}^2$

混凝土荷载：$p_2=\dfrac{1.5+2.2}{2}\times26=48.1\text{kN/m}^2$

梁端部分总荷载：$p=p_1+p_2=48.78\text{kN/m}^2$

地铁顶板设计荷载为 70kN/m^2，受力荷载满足要求。

6）物资部、工程部、安质部的相关工作人员要严格架料进场验收，不合格或破损的材料坚决不得使用并及时清退出场。

施工过程中进场材料须经过物资部、工程部、安质部共同验收合格，并报监理部同意后方可使用。对于不合格或破损的材料坚决不予使用并及时清退出场。

7）架体安装及拆除方案必须履行报批手续，梁体安装后必须经过联合验收。

支架安装后，由项目部各部门及架子队组织联合验收并进行会签，并报监理验收合格后再进入下道工序施工。支架拆除前需报审支架拆除方案。

8）模架堆载预压选取 4-7 轴进行预压，根据预压数值再决定是否进行全线预压。

将按照专家要求，进行相应跨的堆载预压。

9）增加应急预案。

安全应急预案

①混凝土浇筑危险源标识：

A. 支架失稳；

B. 布料不均造成梁体坍塌；

C. 设备碰撞造成支架垮塌；

D. 高空坠落；

E. 触电；

F. 物体打击；

G. 机械伤害；

H. 风灾；

I. 雪灾。

②应急响应程序

应急响应的流程可分为：接警、判断、应急启动、控制及救援行动、应急恢复和应急结束几个步骤。

A. 事故灾难发生后，报警信息应迅速汇集到应急救援领导小组并立即传送到各专业区域和相关人员。性质严重的重大事故灾难的报警应及时向建设、监理和地方安监部门报送。接警时应做好事故的详细情况记录和联系方式等。报警得到初步认定后应立即按规定程序发出预警信息和及时发布警报。

B. 如果事故不足以启动应急救援体系的最低响应级别，通知应急机构后其他有关部门响应关闭。

C. 应急响应级别确定后，相应的应急救援按所确定的响应级别启动应急程序，如通知应急救援指挥中心有关人员到位、开通信息与通信网络、调配救援所需的应急资源（包括应急队伍和物资、装备等）、派出现场指挥协调人员等。

D. 施工现场突发安全事件或其他异常情况时，架子队、作业班组展开自救并立即报告项目应急救援办公室；项目应急救援领导小组立即启动应急预案，由应急援救小组总指挥或组长、副组长带领，联系有关人员按照降低人员伤亡程度和事件影响范围的原则布置和实施应急救援。判断事件情况联系外援。全体员工有责任及义务投入事故应急救援、抢险工作中去，并积极配合、协助事故的处理调查工作。在抢险救灾过程中需要紧急调用物资、设备、人员和占用场地，现场所有人员以及各专业施工队均要给予支持和协助，不得以任何理由进行阻拦和拒绝。事故发生后，各级人员应保持镇定及冷静，切实负起本身职责，主动控制局面。积极配合应急救援指挥部有组织、有部署的指令，及时结合实际进行妥善处理。采取有效措施，防止事故扩大、保护事故现场及做好善后处理工作。同时马上组织人力物力现场抢救受伤害者（包括通知医务人员到现场抢救），根据伤情需要，协助医务人员送伤者到医院。采取有效的措施救护受伤（害）人员，就地采取应急方法如止血、人工呼吸等进行施救，并立即用工地的交通工具或截出租车将伤者送到就近医院进行抢救。

E. 救援行动完成后，进入临时应急恢复阶段。包括现场清理、人员清点和撤离、警戒解除、善后处理和事故调查等。

F. 在上述应急响应程序每一项活动中，具体负责人都应按照事先制定的标准操作程序来执行实施。

a. 遇突发事件后，报告信息应迅速汇集，判断性质严重程度，确定是否启动应急系统。

b. 确定启动应急响应后，各级应急机构进入应急状态并实施如下行动，通知有关人员到位，开通信息与通信网络，调配应急资源，明确向上级报告内容、组织对媒体发布信息、内部员工通报等。

c. 采取控制行动，场外应急指挥应支持现场应急指挥人员完成下列救援行动：应急队伍及时进入现场，积极开展人员救助、工程抢险、医疗救助、人群疏散、环境保护、技术支持、政府联络、补偿损失等。

d. 行动完成后，进入临时应急恢复阶段。

e. 应急响应结束后，应组织原因分析、评估应急响应情况，提供最终报告为今后的危机处理做参考。

③高空坠落事故应急处理

A. 救援人员首先根据伤者受伤部位立即组织抢救，促使伤者快速脱离危险环境，送往医院救治，并保护现场。察看事故现场周围有无其他危险源存在。

B. 在抢救伤员的同时迅速向上级报告事故现场情况。

C. 抢救受伤人员时几种情况的处理：

a. 如确认人员已死亡，立即保护现场。

b. 如发生人员昏迷、伤及内脏、骨折及大量失血：立即电话联系120急救车或距现场最近的医院，并说明伤情。为取得最佳抢救效果，还可根据伤情送往专科医院。外伤大出血：急救车未到前，现场采取止血措施。骨折：注意搬运时的保护，对昏迷、可能伤及脊椎、内脏或伤情不详者一律用担架或平板，禁止用搂、抱、背等方式运输伤员。

c. 一般性伤情送往医院检查，防止破伤风。

④触电事故应急处理

A. 截断电源，关上插座上的开关或拔除插头。如果够不着插座开关，就关上总开关。切勿试图关上那件电器用具的开关，因为可能正是该开关漏电。

B. 若无法关上开关，可站在绝缘物上，如一叠厚报纸、塑料布、木板之类，用扫帚或木椅等将伤者拨离电源，或用绳子、裤子或任何干布条绕过伤者腋下或腿部，把伤者拖离电源。切勿用手触及伤者，也不要用潮湿的工具或金属物质把伤者拨开，也不要使用潮湿的物件拖动伤者。

C. 如果患者呼吸心跳停止，开始人工呼吸和胸外心脏按压。切记不能给触电的人注射强心针。若伤者昏迷，则将其身体放置成卧式。

D. 若伤者曾经昏迷、身体遭烧伤，或感到不适，必须打电话叫救护车，或立即送伤者到医院急救。

E. 高空出现触电事故时，应立即截断电源，把伤者抬到附近平坦的地方，立即对伤者进行急救。

F. 现场抢救触电者的经验原则是：迅速、就地、准确、坚持。迅速——争分夺秒时触电者脱离电源；就地——必须在现场附近就地抢救，病人有意识后再就近送医院抢救。从触电时算起，5min 以内及时抢救，救生率 90％左右，10min 以内抢救，救生率 6.15％，希望甚微；准确——做人工呼吸的动作必须准确；坚持——只要有百万分之一希望就要近百分之百努力抢救。

⑤机械伤害事故应急处理

应急小组组长立即召集应急小组成员，分析现场事故情况，明确救援步骤、所需设备、设施及人员，按照策划、分工，实施救援。需要救援车辆时，应急指挥应安排专人接车，引领救援车辆迅速施救。

A. 小型机械设备事故应急措施

a. 发生各种机械伤害时，应先切断电源，再根据伤害部位和伤害性质进行处理。

b. 根据现场人员被伤害的程度，一边通知急救医院，一边对轻伤人员进行现场救护。

c. 对重伤者不明伤害部位和伤害程度的，不要盲目进行抢救，以免引起更严重的伤害。

B. 机械伤害事故引起人员伤亡的处置：

a. 迅速确定事故发生的准确位置、可能波及的范围、设备损坏的程度、人员伤亡等情况，以根据不同情况进行处置。

b. 划出事故特定区域，非救援人员、未经允许不得进入特定区域。迅速核实塔式起重机上作业人数，如有人员被压在倒塌的设备下面，要立即采取可靠措施加固四周，然后拆除或切割压住伤者的杆件，将伤员移出。

c. 抢救受伤人员时几种情况的处理：

如确认人员已死亡，立即保护现场。

如发生人员昏迷、伤及内脏、骨折及大量失血：立即电话联系 120 急救车或距现场最近的医院，并说明伤情。为取得最佳抢救效果，还可根据伤情联系专科医院。外伤大出血：急救车未到前，现场采取止血措施。骨折：注意搬动时的保护，对昏迷、可能伤及脊椎、内脏或伤情不详者一律用担架或平板，不得一人抬肩、一人抬腿。

一般性外伤：视伤情送往医院，防止破伤风；轻微内伤，送医院检查。

制定救援措施时一定要考虑所采取措施的安全性和风险，经评价确认安全无误后再实施救援，避免因采取措施不当而引发新的伤害或损失。

⑥物体打击事故应急处理

A. 施工时发生物体打击事故后，现场安全管理人员应立即报告现场应急小组，同时查看伤者伤情，了解事故伤害程度，疏散现场闲杂人员，保护事故现场。

B. 在抢救伤员时，首先观察伤者的受伤情况、部位、伤害性质，如伤员发生休克，应让其安静、保暖、平卧、少动，并将下肢抬高约 20°；如伤者呼吸、心跳停止，应立即进行人工呼吸，胸外心脏按压，并尽快送医院进行抢救治疗。

C. 出现颅脑损伤，必须维持呼吸道通畅。昏迷者应平卧，面部转向一侧，以防舌根下坠或分泌物、呕吐物吸入，发生喉阻塞。有骨折者，应初步固定后再搬运。遇有凹陷骨折、严重的颅底骨折及严重的脑损伤症状出现，创伤处用消毒的纱布或清洁布等覆盖伤口，用绷带或布条包扎后，及时送就近有条件的医院治疗。

⑦特别说明

为确保在紧急情况下，伤病人员能得到及时的救治，以下就相关医院信息进行说明：

A. ××××××

该院目前为南京地区实力较强的医疗机构（三级甲等），其医疗设备和医疗技术先进，在国内享有盛誉，是各类疾病就诊的理想去处，其距离本项目较为接近，是本施工现场的应急预案首选救援机构。

医院电话：×××-×××××××

医院地址：××××××

B. ××××××

该院为最近的门诊医院（二级甲等），该院医疗机构设一般外科、普通内科门诊。医疗器械有 B 超、摄片等常规设备，对一般性伤、病能予以处理和应急救治。建议本单位的一般性伤、病人员前往就诊。

医院电话：×××-×××××××

医院地址：××××××

⑧应急小组

组长：×××（136×××××98）

副组长：××（136××××××52）、×××（150×××××01）

组员：陈×、范××、李××、唐×、牛××、余×、李××

质量应急预案

①当因施工而引起的质量缺陷处在萌芽状态时，应立即制止，并要求施工队或混凝土拌合站及时更换不合格材料、设备或不称职的施工人员，或改变不正确的施工方法及操作工艺；

②当因施工而引起的质量缺陷已出现时，应立即向相关的施工队发出暂缓或暂停施工的指令，待施工队采取了能足以保证施工质量的有效措施，并对质量缺陷进行了正确的补救处理，同时得到了监理工程师认可后，再通知恢复施工；

③工程完工后，发现工程质量缺陷时，第二架子队安质部应及时指令施工队按要求进行修补，加固或返工处理。

混凝土供应应急预案

拌合站主要设备包括电子汽车衡、装载机、混凝土搅拌楼、混凝土运输罐车、泵车等。为保证混凝土拌合站混凝土正常生产，必须保证混凝土拌合站主要设备的正常运转。如有设备出现故障，遵照以下措施进行处理。

①地磅出现计量不准、电路不通、零件损坏等紧急状况，现场收料可临时采用量方法进行收料。对出现故障的具体情况进行处理，必要时，必须进行重新校正。

②配备2台ZL50型装载机，上料能力为拌合能力的1.5倍，平时加强设备的维修与保养，保证设备的正常运转，当1台设备出现故障不能正常运转时，如为小的机械故障，可以适当放缓施工速度，加紧抢修机械设备。如设备故障较为严重，修复时间较长，可临时租用地方设备或单位内部协调调用。

③拌合站配备两台珠海仕高玛机械设备有限公司HZS120型全自动混凝土拌合楼，平时加强拌合设备的维修与保养，保证拌合楼的正常运转，当1台拌合楼出现故障不能正常运转时，可以适当放缓施工速度，加紧抢修机械设备。

④搅拌站配备有100多台混凝土运输罐车，随时可以协调调用，当混凝土罐车出现故障时，加紧抢修，不影响正常施工生产。

⑤意外停电时，拌合站配备1台300kW发电机，保证供电正常。

⑥意外停水时，300m³蓄水池可以供应1天拌合施工用水，配备300kW发电机及备用水泵，不影响正常施工生产。

⑦在现场停放一台48m或50m泵车备用，如①、②号泵车出现故障，可以采用预设地泵或备用泵车及时跟上，不影响正常施工。

⑧根据施工组织设计中的应急预案，本次混凝土施工中如出现混凝土拌合设备故障，将启用预备拌合站（兰叶拌合站总站）。

混凝土施工应急预案

①现场配备1台120kW的发电机及足够长的电缆线，当突然停电时启用。

②现场备用14台振动棒，当施工所用振动棒出现故障时替换。

③现场停放一台臂长48m的汽车泵，当52m汽车泵出现故障时紧急启用。

（2）监理部意见

1）增加保证质量安全技术措施。

①支架搭设及拆除质量保证措施

A. 支架立杆有弯曲变形的不得使用，底座钢板有变形时，校正后使用。

B. 安放可调底座及首层立杆时需挂线摆放。

C. 支架碗扣必须用手锤打紧，支架全部搭设完毕后浇筑混凝土前需安排专人对碗扣进行检查和复打。

D. 剪刀斜撑及外侧通长斜拉杆，与地面夹角在45°～60°之间，斜杆应与立杆扣接。

E. 拆除支架时，任何杆件不得随意直接向下抛掷，必须用传递方式运出或拴绳续下。

②高架支模施工安全措施

A. 模板的安装

a. 模板在荷载作用下，应具有必要的强度、刚度和稳定性。并应保证结构的各部分形状、尺寸和位置的正确性。

b. 模板设计时应考虑便于安装和拆除，同时还要考虑安装钢筋、浇捣混凝土方便。

c. 模板接缝应严密不得漏浆，并保证单体构件连接处有必要的紧密性和可靠性。

d. 模板安装必须按模板的施工设计进行，严禁任意改动。

e. 模板及其支撑系统在安装过程中，必须设置临时固定设施，严防倾覆。

f. 模板安装完后，应对其进行全面检查，确属证明安全可靠后，方可进行下一工序的工作。

g. 模板使用前都必须进行受力计算，确保模板的稳定性。

B. 模板的拆除

a. 拆模前应以混凝土强度报告为依据，办理拆除模板申请手续。

b. 工作前应事先检查所使用的工具是否牢固，扳手等工具必须用绳或工具袋系挂在身上，工作时思想要集中，防止钉子扎脚和空中滑落。

c. 高处、复杂结构模板的拆除，必须有切实的安全措施，专人指挥和巡回监督，并在下面标出工作区，严禁非操作人员进入作业区。

d. 严禁作业人员站在正在拆除的模板上，拆除时必须严格按照工艺流程进行，一般后安装的先拆，先安装的后拆，谁安装的模板由谁拆除，严禁作业人员在同一垂直面上拆除模板。

e. 已拆除的模板、拉杆、支撑等应及时运走或妥善堆放，严禁操作人员扶空、踏空。脚手架边缘处的模板距离不小于1m，且堆放高度不得超过1m。

f. 模板拆除间隙应将已活动的模板、拉杆、支撑等固定可靠，严防突然掉落，倒塌等意外伤人。模板拆除人员不可拥挤在一起，每一个人应该有足够的工作面，多人同时操作时，应注意配合，统一信号和行动。

g. 遇六级以上大风时，暂停高处作业。有雨、雪、霜时先清扫施工现场，不滑时再进行工作。

2) 增加碗扣节点承载力计算。

支架整体稳定性计算：

不组合风荷载：$\dfrac{N}{\varphi \cdot A} \leqslant f$

① 跨中

A. 立杆验算截面处的轴心力设计值：$N = 1.2 \cdot N_{GK} + 1.4 \sum\limits_{i=1}^{n} N_{QiK}$

模板、方木及支架自重：1.04kN/m²

钢筋混凝土自重：　　　26kN/m²×1.5m＝39kN/m²

施工人员及设备自重：　2.5kN/m²

振捣混凝土产生的荷载：4.0kN/m²

$N_{GK} = (1.04 + 39) \times 0.36 = 14.14 \text{kN/m}^2$

$\sum\limits_{i=1}^{n} N_{QiK} = (2.5 + 4) \times 0.36 = 2.34 \text{kN/m}^2$

$N = 1.2 \times 14.14 + 1.4 \times 2.34 = 20.57 \text{kN/m}^2$

B. 查表得：$A = 424 \text{mm}^2$

C. 计算长度：$l_0 = 1200 + 500 \times 2 = 2200 \text{mm}$

长细比：$\lambda = \dfrac{l_0}{i} = \dfrac{2200}{15.95} = 138$

查表得：轴心受压杆件的稳定系数 $\varphi = 0.357$

D. 钢材的抗压强度设计值 $f = 0.205 \text{kN/mm}^2$

故 $\dfrac{N}{\varphi \cdot A} = \dfrac{20.57}{0.357 \times 424} = 0.136 \leqslant f$

故支架整体稳定性验算满足要求。

②梗肋部位

A. 立杆验算截面处的轴心力设计值：$N = 1.2 \cdot N_{GK} + 1.4 \cdot \sum_{i=1}^{n} N_{QiK}$

模板、方木及支架自重：1.04kN/m^2

钢筋混凝土自重：$26 \text{kN/m}^2 \times 2.06 \text{m} = 53.56 \text{kN/m}^2$

施工人员及设备自重：2.5kN/m^2

振捣混凝土产生的荷载：4.0kN/m^2

$N_{GK} = (1.04 + 53.56) \times 0.36 = 19.66 \text{kN/m}^2$

$\sum_{i=1}^{n} N_{QiK} = (2.5 + 4) \times 0.36 = 2.34 \text{kN/m}^2$

$N = 1.2 \times 19.66 + 1.4 \times 2.34 = 26.87 \text{kN/m}^2$

B. 查表得：$A = 424 \text{mm}^2$

C. 计算长度：$l_0 = 1200 + 500 \times 2 = 2200 \text{mm}$

长细比：$\lambda = \dfrac{l_0}{i} = \dfrac{2200}{15.95} = 138$

查表得：轴心受压杆件的稳定系数：$\varphi = 0.357$

D. 钢材的抗压强度设计值 $f = 0.205 \text{kN/mm}^2$

故 $\dfrac{N}{\varphi \cdot A} = \dfrac{26.87}{0.357 \times 424} = 0.178 \leqslant f$

故支架整体稳定性验算满足要求。

③碗扣节点承载力验算

立杆承受横杆传递来的荷载：

$P_c = NL/2 = 26.87 \times 0.6/2 = 8.06 \text{kN} \leqslant [Q] = 60 \text{kN}$

节点承载力满足要求。

3）增加斜杆连接措施和要求。

①脚手架专用外斜杆设置应符合下列规定：

A. 斜杆应设置在纵、横杆的碗扣节点上；

B. 在封圈的脚手架拐角处及一字形脚手架端部应设置竖向通高斜杆；

C. 当脚手架高度小于或等于 24m 时，每隔 5 跨应设置一组竖向通高斜杆；当脚手架高度小于或等于 24m 时，每隔 3 跨应设置一组竖向通高斜杆；斜杆应对称设置；

D. 当斜杆临时拆除时，拆除前应在相邻立杆间设置相同数量的斜杆。

②当采用钢杆扣件作斜杆时应符合下列规定：

A. 斜杆应每步与立杆扣接，扣接点距碗扣节点的距离不应大于 150mm；当出现不能与立杆扣接时，应与横杆扣接，扣件紧扣力矩应为 40～65N·m；

B. 纵向斜杆应在全高方向设置成八字形且内外对称，斜杆间距不应大于 2 跨。

4）增加高支模检查与验收内容。

验收内容详见表 4-3。

高支模检查与验收表 表 4-3

序号	验收内容	验收要求
1	模板施工方案	有满足需要且经审批的施工方案，并根据混凝土输送方法制定安全措施，支撑系统进行设计计算，并绘制施工详图
2	基础	基础牢固稳定
3	立杆间距	必须符合模板设计方案的要求，脚手架全高的垂直度应小于 $L/500$；最大允许偏差应小于 100mm
4	水平支撑设置	每间隔 1.2m 时设一道水平支撑
5	剪刀撑设置	按方案要求设置水平剪刀撑和垂直剪刀撑，并满足支架立杆四边及中间每隔六跨设置一道纵向剪刀撑，立杆每增高 6.0m 时，设置一道水平剪刀撑
6	荷载控制	荷载满足设计要求，堆料、设备堆放要分散，保持模板受力状态良好
7	模板固定	模板搭设必须固定牢固
8	作业环境	模板施工作业区按高处作业规定设置临边防护和孔洞封闭措施，交叉作业有隔离防护措施

5）垂直度按照小于 $L/500$ 标准控制。

支架搭设按照 $L/500$ 的垂直度要求进行控制。

第 3 节　隧道工程新技术

4.3.1　隧道施工方法简介

1. 隧道常用施工方法

隧道工程常用施工方法从广义上讲可分为明挖法和暗挖法两大类。明挖法又分为明挖顺作法，盖挖顺作、逆作和半逆作法；暗挖法又分为浅埋暗挖法、矿山法、新奥法、盾构法和顶管法。下面重点介绍盾构法施工技术。

2. 盾构法原理

盾构一词的含义在土木工程领域中为遮盖物、保护物。盾构机是由外形与隧道断面相同、但尺寸比隧道外形稍大的钢筒或框架压入地层中构成保护掘削机的外壳和壳内各种作业机械、作业空间组成的组合体。盾构机是一种既能支承地层压力，又能在地层中推进的施工机具。以盾构机为核心的一套完整的建造隧道的施工方法称为盾构法。

4.3.2　盾构施工工艺

1. 盾构施工的准备工作

盾构施工准备工作主要有盾构始发井和接收井制作与端头加固、盾构设备选型与拼装检查、管片制作及附属设施的准备等。

为了安全、迅速、经济地进行盾构施工，在施工前应根据图纸和有关资料进行详细的勘察工作。勘察的内容主要有：用地条件的勘察、障碍物勘察、地形及地质勘察。

用地条件的勘察主要是了解施工地区的情况；工作坑、仓库、料场的占地可能性；道路条件和运输情况；水、电供应条件等。

障碍物勘察包括地上和地下障碍物的调查。

地形及地质勘察包括地形、地层柱状图、土质、地下水等。

根据勘察结果，精心编制盾构专项施工方案，并经专家论证、修改完善批准后方可实施。

2. 施工工艺要点

盾构法施工工艺主要包括盾构的始发；盾构掘进的挖土、出土及顶进；衬砌和灌浆等。

（1）盾构的始发

盾构在始发井导轨上至盾构完全进入土中的这一段距离，要借助工作坑内千斤顶顶进，通常称为始发（图 4-43），方法与顶管施工相同。当盾构入土后，在始发井后背与盾构衬砌环内，各设置一个大小与衬砌环相等的木环，两木环之间用圆木支撑，以作为始顶段盾构千斤顶的临时支撑结构。一般情况下，当衬砌长度达 30～50m 以后，才能起后背作用，此时方可拆除工作坑内的临时圆木支撑。

（2）盾构掘进的挖土、出土与顶进

完成始发后，即可启用盾构本身千斤顶，将切削环的刃口切入土中，在切削环掩护下进行挖土。

盾构掘进的挖土方法取决于土的性质和地下水情况。手工挖掘盾构适用于比较密实的土层，工人在切削环保护罩内挖土，工作面挖成锅底状，一次挖深一般等于砌块的宽度。为了保证坑道形状正确，减少与砌块间的空隙，贴进盾壳的土应由切翻环切下，厚度 10～15cm。在工作面不能直立的松散土层中掘进时，将盾构刃口先切入工作面，然后工人在切削环保护罩内挖土。根据土质条件，进行局部挖土时的工作面应加设支撑。

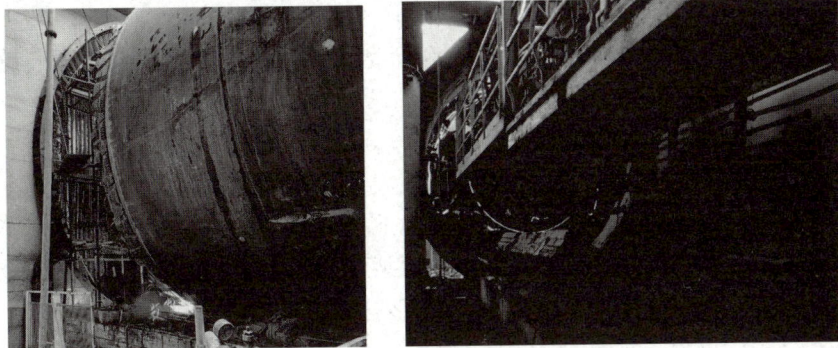

图 4-43　盾构前端安装及盾尾负环安装

黏性土的工作面虽然能够直立，但工作面停放时间过长，土面会向外胀鼓，造成塌方，导致地基下沉。因此，在黏性土层掘进时，也应加设支撑。

在砂土与黏土交错层、土层与岩石交错层等复杂地层中顶进，注意选定适宜的挖掘方法和支撑方法。

盾构顶进应在砌块衬砌后立即进行。盾构顶进时，应保证工作面稳定不被破坏。顶进速度常为 50mm/min。顶进过程中一般应对工作面支撑、挤紧。

在出土的同时，将衬砌块运入盾构内，待千斤顶回镐后，其空隙部分即可进行砌块拼砌。当砌块的拼砌长度能起到后背作用时，再以衬砌环为后背，启动千斤顶，重复上述操作，盾构便被不断向前推进。

（3）衬砌

1）一次衬砌

盾构顶进后应及时进行衬砌工作，按照设计要求，确定砌块形状和尺寸及接口方式。通常采用钢筋混凝土或预应力钢筋混凝土砌块（管片）。矩形砌块形状简单，容易砌筑，产生误差时容易纠正，但整体性差。梯形砌块的整体性较矩形砌块为好。中缺形砌块的整体性最好，但安装技术水平要求高，而且产生误差后不易调整。砌块的连接有平口、企口和螺栓连接三种方式，企口接缝防水性好，但拼装复杂；螺栓连接整体性好，刚度大。

砌块砌筑和缝隙灌浆合称为盾构的一次衬砌（图 4-44）。在一次衬砌质量完全合格后，按照功能要求可进行二次衬砌。

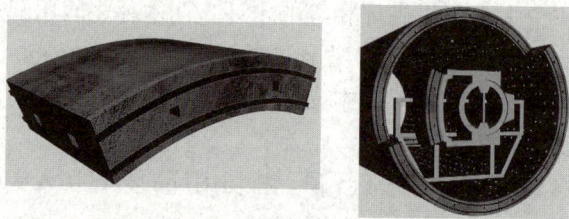

图 4-44　衬砌预制及拼装系统

2）二次衬砌

完成一次衬砌后，需进行洞体的二次衬砌。二次衬砌采用现浇钢筋混凝土结构。混凝土强度应大于 C20，坍落度为 $18\sim20cm$。采用墙体和拱顶分步浇筑方案，即先浇侧墙，后浇拱顶。拱顶部分采用压力式浇筑混凝土。

3）单双层衬砌的选用

近年来，由于防水材料质量的不断提高和新型防水材料的不断研制，可省略二次衬砌，采用单层的一次衬砌，做到既承重又防水。

3. 盾构施工注意事项

盾构施工技术随着盾构机性能的改进有了很大发展，但施工引起的地层位移，仍不可避免，地层位移包括地表沉降和隆起。在市区地下施工时，为了防止危及地表建筑物和各类地下管线等设施，应严格控制地表沉降量。从某种意义上讲，能否有效控制地层位移是盾构法施工成败的关键之一。减少地层位移的有效措施是控制好施工的各个环节，一般应考虑以下环节：

（1）合理确定盾构千斤顶的总顶力

盾构向前推进主要依靠千斤顶的顶力作用。在盾构前进过程中要克服正面土体的阻力和盾壳与土体之间的摩擦力，盾构千斤顶的总顶力要大于正面推力和壳体四周的摩擦力之和，但顶力不宜过大，否则会使土体因挤压而前移和隆起，而顶力太小又影响盾构前进的速度。

（2）控制盾构前进速度

盾构前进时应该控制好推进速度，并防止盾构后退。推进速度由千斤顶的推力和出土量决定，推进速度过快或过慢都不利于盾构的姿态控制，速度过快易使盾构上抛，速度过慢易使盾构下沉。因拼砌管片时，需缩回千斤顶，这就易使盾构后退引起土体损失，造成切口上方土体沉降。

（3）合理确定土舱内压

在土压平衡盾构机施工中，要对土舱内压力进行设定，密封土舱的土压力要求与开挖面的土压力大致相平衡，这是维持开挖面稳定、防止地表沉降的关键。

（4）控制盾构姿态和偏差量

盾构姿态包括推进坡度、平面方向和自身转角三个参数。影响盾构姿态的因素有出土量的多少、覆土厚度的大小、推进时盾壳周围的注浆情况、开挖面土层的分布情况等。比如盾构在砂性土层或覆土厚度较小的土层中顶进就容易上抛，解决办法主要依靠调整千斤顶的合力位置。

盾构前进的轨迹为蛇形，要保证盾构按设计轨迹掘进，就必须在推进过程中及时通过测量了解盾构姿态，并进行纠偏，控制好偏差量，过大的偏差量会造成过多的超挖，影响周围土体的稳定，造成地表沉降。

（5）控制土方的挖掘和运输

在网格式盾构施工过程中，挖土量的多少与开口面积和推进速度有关，理想的进土状况是进土量刚好等于盾构机推进距离的土方量，而实际上由于许多网格被封，使进土面积减小，造成推进时土体被挤压，引起地表隆起。因而要对进土量进行测定，控制进土量。

在土压平衡式盾构施工过程中，挖土量的多少是由切削刀盘的转速、切削扭矩以及千斤顶的推力决定的；排土量的多少则是通过螺旋输送机的转速调节的。因为土压平衡式盾构是借助土舱内压力来平衡开挖面的水、土压力，为了使土舱内压力波动保持较小，必须使挖土量和排土量保持平衡。排土量小会使土舱内压力大于地层压力，从而引起地表隆起，反之会引起地表沉降。

（6）控制管片拼砌的环面平整度

管片拼砌工作的关键是保证环面的平整度，往往由于环面不平整造成管片破裂，甚至影响隧道曲线。同时，要保证管片与管片间以及管片与盾尾间的密封性，防止隧道涌水。

（7）控制注浆压力和压浆量

盾构外径大于衬砌外径，衬砌管片脱离盾尾后在衬砌外围就形成一圈间隙，因此要及时注浆，否则容易造成地表沉降。注浆时要做到及时、足量，浆液体积收缩小，才能达到预期的效果。一般压浆量为理论压浆量（等于施工间隙）的 $140\% \sim 180\%$。

注浆入口的压力要大于该点的静水压力与土压力之和，尽量使其足量填充而不劈裂。但注浆压力不宜过大，否则管片外的土层被浆液扰动易造成较大的后期沉降，并容易跑浆。注浆压力过小，浆液填充速度过慢，填充不足，也会使地层变形增大。

综合以上这些施工环节，可以设定施工的控制参数。通过这些参数的优化和匹配使盾构达到最佳推进状态，即对周围地层扰动小、地层位移小、超空隙水压力小，以控制地面的沉降和隆起，保证盾构推进速度快，隧道管片拼砌质量好。

4.3.3　某隧道盾构施工组织设计实例

由于篇幅所限，下面给出某盾构专项施工方案的编写大纲，以方便大家学习参考。

第一章　编制说明及依据

第 4 节　管道工程新技术

管道铺设的方法分为开槽铺管和非开挖施工两大类。开槽铺管施工属常规施工，而非开挖施工是较新的施工工艺。非开挖施工的方法很多，最常用的是顶管法，此外还有牵引管法、盾构法、气动矛铺管法和夯管锤铺管法等，本节重点介绍顶管和牵引管法施工技术。南京市在江北新区率先应用此项新技术，取得较好的经济和社会效益。

4.4.1　顶管施工新技术

1. 概述

顶管——借助于顶推装置，将预制管节顶入土中的地下管道不开槽施工方法（不开槽施工方法有顶管法、盾构法、浅埋暗挖法、地表水平定向钻法等）。

顶管技术普遍用于交通、水利、电力、市政建设等行业的排水管道、上水管道、天然气管道、电力管道、热力管道、输油管道等。

顶管管材：钢管、钢筋混凝土管、玻璃钢夹砂管、聚合物混凝土管、陶瓷管及铸铁管等。

顶管施工示意如图 4-45 所示。在敷设管道前，管线的一端或两端先建造一个工作坑（竖井），在坑内安装后背墙、千斤顶和导轨等设施，将管道放在千斤顶前面的导轨上，管道的首节是顶管机，又称工具管，千斤顶顶进时，把管道压入土中，进入工具管的泥土被不断挖掘运出管外。当千斤顶达到最大行程后缩回，放入顶铁，断续顶进，管道不断向土中延伸。当坑内导轨上的管道几乎全部顶入后，缩回千斤顶，吊去顶铁，将下一节管段吊下，安装在已顶入管段的后面继续顶进，如此循环施工，直至顶完全程，工具管进入接收井内，并回收再利用。

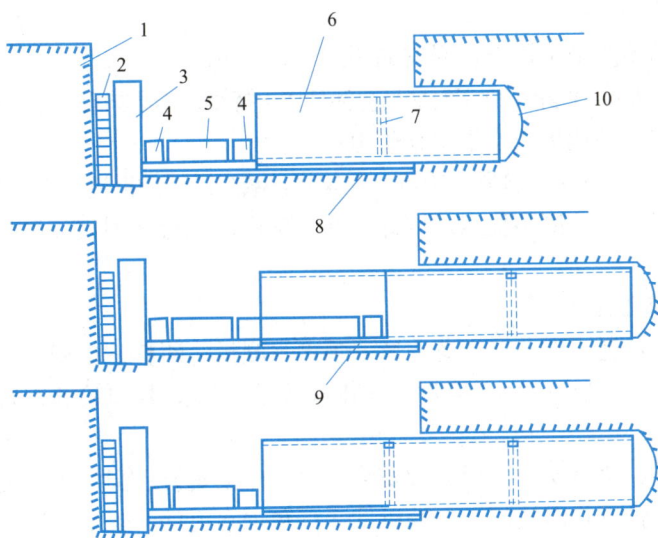

图 4-45　顶管施工示意

1—后座墙；2—后背；3—立铁；4—横铁；5—千斤顶；6—管子；
7—内涨圈；8—基础；9—导轨；10—挖进工作面

2. 顶管施工的发展史

顶管施工最早源于 1896 年美国穿越北太平洋铁路铺设管道的施工；1948 年日本穿越

尼崎市铁路，使用 $\phi600$ 铸铁管，顶距 6m；1953 年我国北京首次实现顶管穿越铁路（钢筋混凝土管）；1956 年上海开始运用顶管，穿越黄浦江江堤（钢管）；1964 年前后，上海进行了大口径机械式顶管的各种试验，口径在 2m 的钢筋混凝土管的一次推进距离可达 120m，开创了使用中继间先河。

1984 年上海市政公司、南京市政工程公司分别从日本引进了 $DN800$、$DN600$ 偏压破碎型泥水平衡顶管设备，用于南京内秦淮河整治。

1989 年上海成功研制第一台 $DN1200$ 泥水平衡顶管机；1992 年上海成功研制我国第一台 $DN1440$ 土压平衡掘进机；1992 年上海成功研制最大口径 $DN3540$ 加泥式土压平衡掘进机；2004 年上海研发出矩形大截面顶管机（3.8m×3.8m）；2006 年扬州生产出矩形截面顶管机（4.3m×6m）。

1992 年上海奉贤开发区向杭州湾深水区单向一次顶进 $DN1600$ 管道 1511m，成为我国第一根单向一次顶进超千米的钢筋混凝土管；1997 年上海黄浦江引水工程单向一次顶进 $DN3500$ 钢管 1743m，创钢管顶管世界纪录；2008 年汕头第二条过海顶管工程，一次顶进 $DN2000$ 钢管 2080m，再创钢管顶进世界纪录；2010 年浙江嘉兴污水排海顶管工程，单向顶进 $DN2000$ 钢筋混凝土管 2059m，超长距离混凝土顶管进入世界先进行列。

世界上混凝土顶管首次超千米的是德国汉堡下水道顶管，$DN2600$ 钢筋混凝土管单向顶进 1200m（1970 年），采用全气压法顶管技术。世界上最长的混凝土顶管在荷兰，$DN3000$ 钢筋混凝土管，单向顶进长度 2535m（1994 年）；世界上顶管管道最大口径是 $DN4400$（德国）。德国、日本是公认的顶管技术最先进的国家。

3. 顶管施工的优点

（1）施工作业面小；

（2）地面活动不受施工影响，对交通干扰小；

（3）噪声和振动低，城市中施工对居民生活环境干扰小，不影响现有管线及构筑物的使用；

（4）可以在很深的地下或水下敷设管道；

（5）可以安全穿越铁路、公路、河流、建筑物，减少沿线的拆迁工作量，降低工程造价。

由于顶管施工有上述诸多优点，因此，在繁华市区或管线埋设较深时往往是一种经济可行的方法。

4. 机械顶管施工流程

顶管施工流程：施工准备→设备安装→顶进→测量与纠偏→出洞。

施工准备：建工作坑（井）、接收坑（井），管段预制，接口检验、管节进场验收，测量放样等；

顶进设备安装：轨道安装、后靠背安装、主千斤顶安装、洞口止水装置安装；

顶进：包括顶管机井内就位，顶管机试运行和正常顶进，管节拼接；

测量与纠偏：偏差测量、出泥、顶进纠偏；

顶管机出洞：拆除封洞、主千斤顶顶进、出泥准备。

5. 顶管施工的质量检查要求

（1）工作井结构的强度、刚度和尺寸应满足设计要求，地下水无滴漏和线流现象；

（2）混凝土结构的抗压强度等级、抗渗等级符合设计要求；

（3）结构无明显渗水和水珠现象；

（4）工作井的后背墙应坚实、平整；

（5）两导轨应顺直、平行、等高；导轨与基座连接牢固可靠，在使用中不得产生位移；

（6）允许偏差应符合相关的规定（略）。

4.4.2　牵引管施工新技术

1. 普通牵引法

铺设管线地段的两端开挖工作坑，在两工作坑间用水平钻机钻成通孔，孔径略大于穿过的钢丝绳直径，在孔内安放钢丝绳。在后方工作坑内进行安管、挖土、出土、运土等工作，操作与顶管法相同，但不需要设置后背设施。在前方工作坑内安装张拉千斤顶，用千斤顶牵引钢丝绳把管道拉向前方，不断地下管、锚固、牵引，直到将全部管道牵引入土为止。

普通牵引法适用于直径大于 800mm 的钢筋混凝土管、短距离穿越障碍物的钢管的敷设。在地下水位以上的黏性土、粉土、砂土中均可采用，施工误差小、质量高，是其他顶进方法所难以比拟的。

施工时千斤顶的牵引力很大，必须将钢丝绳的两端锚固后才能牵引。锚具可根据牵引力大小选用。固定锚具用于后方工作坑，固定牵引钢丝绳的后端；张拉锚具用于前方工作坑的张拉千斤顶上，用以固定钢丝绳的牵引端。

该法把后方顶进管道改为前方牵引管道，因此不需要设置后背和顶进设备，施工简便，可增加一次顶进长度，施工偏差小；但钻孔精度要求严格，钢丝绳强度及锚具质量要求高，以免发生安全和质量事故。

2. 牵引挤压法

该方法同普通牵引法一样，先在两工作坑间用水平钻机钻成通孔，孔径略大于穿过的钢丝绳直径，在孔内安放钢丝绳。在后方工作坑内安装锥形刃脚，刃脚的直径与被牵引管道的管径相同，安装在管节前端。刃脚通过钢丝绳的牵引先挤入土内，将管前土沿锥形面挤到管壁周围，形成与被牵引管道管径相同的土洞，带动后面的管节沿着土洞前进。

牵引挤压法适用于在天然含水量的黏性土、粉土和砂土中，敷设管径不超过 400mm 的焊接接口钢管，管顶覆土厚度一般不小于管径的 5 倍，以免地面隆起，牵引距离一般不超过 40m。

牵引挤压法的工效高、误差小、设备简单、操作简易、劳动强度低，不需要挖土、运土，用工较少。但只能牵引小口径的钢管，使用受到了一定程度的限制。

3. 牵引顶进法

牵引顶进法是在前方工作坑内牵引导向的盾头，而在后方工作坑内顶入管道的施工方法。在施工过程中，由盾头承担顶进过程中的迎面阻力，而顶进千斤顶只承担由土压及管重产生的摩擦阻力，从而减轻了顶进千斤顶的负担，在同样条件下，可比管道牵引及顶管法的顶进距离大。牵引顶进用的盾头，一般由刃脚、工具管、防护板及环梁组成。

牵引顶进法吸取了牵引和顶进技术的优点，适用于在黏土、砂土，尤其是较硬的土质中，进行钢筋混凝土排水管道的敷设，管径一般不小于 800mm。由于千斤顶负担的减轻，与普通牵引法和普通顶管法相比，在同样条件下可延长顶进距离。

4. 牵引贯入法

该方法同普通牵引法一样，先在两工作坑间用水平钻机钻成通孔，孔径略大于穿过的钢丝绳直径，在孔内安放钢丝绳。在后方工作坑内安装盾头式工具管，在工具管后面不断焊接薄壁钢管，钢丝绳牵引工具管前行，后面的钢管也随之前行。在钢管前进的过程中，土被切入管内，待钢管全部牵引完毕后，再挖去管内的土。

牵引贯入法适用于在淤泥、饱和粉质黏土、粉土类软土中，敷设钢管。管径不小于800mm，以便进入管内挖土。牵引距离一般为40～50m，最大不超过60m。由于牵引过程中管内不出土，导致牵引力增大，所需张拉千斤顶的数量多，增加了移动机具的时间，使牵引贯入法的施工速度较慢。

4.4.3 地下管廊施工新技术

1. 概述

建于城市地下用于容纳两类及以上城市工程管线的构筑物及附属设施。

综合管廊（日本称"共同沟"、我国台湾地区称"共同管道"），就是地下城市管道综合走廊。即在城市地下建造一个隧道空间，将电力、通信、燃气、供热、给水排水等各种工程管线集于一体（图4-46），设有专门的检修口、吊装口和监测系统，实施统一规划、统一设计、统一建设和管理，是保障城市运行的重要基础设施和"生命线"。

在发达国家，共同沟已经存在了一个多世纪，在系统日趋完善的同时其规模也有越来越大的趋势。

早在1833年，法国首都巴黎为了解决地下管线的敷设问题和提高环境质量，开始兴建地下管线共同沟。如今巴黎已经建成总长度约100km、系统较为完善的共同沟网络。此后，英国的伦敦、德国的汉堡等欧洲城市也相继建设地下共同沟。

图4-46 地下综合管廊示意图

1926年，日本开始建设地下共同沟，到1992年，日本已经拥有共同沟长度约310km，而且在不断增长过程中。

建设给水排水、热力、燃气、电力、通信、广电等市政管线集中铺设的地下综合管廊系统（日本称"共同沟"），已成为日本城市发展现代化、科学化的标准之一。

早在20世纪20年代，日本首都东京市政机构就在市中心九段地区的干线道路下，将电力、电话、供水和煤气等管线集中铺设，形成了东京第一条地下综合管廊。此后，1963年制定的《关于建设共同沟的特别措施法》，从法律层面规定了日本相关部门需在交通量大及未来可能拥堵的主要干道地下建设"共同沟"。国土交通省下属的东京国道事务所负责东京地区主干线地下综合管廊的建设和管理，次干线的地下综合管廊则由东京都建设局负责。

如今已投入使用的日比谷、麻布和青山地下综合管廊是东京最重要的地下管廊系统。采用盾构法施工的日比谷地下管廊建于地表以下30多米处，全长约1550m，直径约7.5m，如同一条双向车道的地下高速公路。由于日本许多政府部门集中于日比谷地区，须时刻确保电力、通信、给水排水等公共服务，因此日比谷地下综合管廊的现代化程度非常高，它承担了该地区几乎所有的市政公共服务功能。

于 20 世纪 80 年代开始修建的麻布和青山地下综合管廊系统同样修建在东京核心区域地下 30 余米深处，其直径约为 5m。这两条地下管廊系统内电力电缆、通信电缆、天然气管道和供排水管道排列有序，并且每月进行检修。其中的通信电缆全部用防火帆布包裹，以防出现火灾造成通信中断；天然气管道旁的照明用灯则由玻璃罩保护，防止出现电火花导致天然气爆炸等意外事故。这两条地下综合管廊已相互连接，形成了一条长度超过 4km 的地下综合管廊网络系统。

在东京的主城区还有日本桥、银座、上北泽、三田等地下综合管廊，经过了多年的共同开发建设，很多地下综合管廊已经联成网络。东京国道事务所公布的数据显示，在东京市区 1100km 的干线道路下已修建了总长度约为 126km 的地下综合管廊。在东京主城区内还有 162km 的地下综合管廊正在规划修建。

1933 年，俄罗斯在莫斯科、列宁格勒、基辅等地修建了地下共同沟。

1953 年，西班牙在马德里修建地下共同沟。

其他如斯德哥尔摩、巴塞罗那、纽约、多伦多、蒙特利尔、里昂、奥斯陆等城市，都建有较完备的地下共同沟系统。

中国大陆仅有北京、上海、深圳、苏州、沈阳等少数几个城市建有综合管廊，据不完全统计，全国建设里程约 800km，综合管廊未能大面积推广的原因不是资金问题，也不是技术问题，而是意识、法律以及利益纠葛造成的。

综合管廊建设的一次性投资常常高于管线独立铺设的成本。据统计，日本、我国台北市、上海市的综合管廊平均造价（按人民币计算）分别是 50 万元/m、13 万元/m 和 10 万元/m，较之普通的管线方式的确要高出很多。以综合节省出的道路地下空间、每次的开挖成本、对道路通行效率的影响以及对环境的破坏来看，综合管廊成本效益比显然不能只看投入多少。

其实北京早在 1958 年就在天安门广场下铺设了 1000 多米的综合管廊。2006 年在中关村西区建成了我国大陆地区第二条现代化的综合管廊。该综合管廊主线长 2km，支线长 1km，包括水、电、冷、热、燃气、通信等市政管线。1994 年，上海市政府规划建设了大陆第一条规模最大、距离最长的综合管廊——浦东新区张杨路综合管廊。该综合管廊全长 11.125km，收容了给水、电力、信息与燃气等四种城市管线。上海还建成了松江新城示范性地下综合管廊工程（一期）和"一环加一线"总长约 6km 的嘉定区安亭新镇综合管廊系统。中国与新加坡联合开发的苏州工业园基础设施建设，经过 10 年的开发，综合管廊已初具规模。南京在江北新区和河西地区展开管廊试点建设工作。

住房和城乡建设部会同财政部开展中央财政支持地下综合管廊试点工作，确定包头等 10 个城市为试点城市，计划到 2018 年建设地下综合管廊 389km（2015 年开工 190km），总投资 351 亿元。根据测算，未来地下综合管廊需建 8000km，若按每公里 1.2 亿元测算，投资规模将达 1 万亿元。

国务院高度重视推进城市地下综合管廊建设，2013 年以来先后印发了《国务院关于加强城市基础设施建设的意见》（国发〔2013〕36 号）《国务院办公厅关于加强城市地下管线建设管理的指导意见》（国办发〔2014〕27 号），部署开展城市地下综合管廊建设试点工作。

除了住房和城乡建设部之外，包括国家发展改革委、财政部等相关部门都已经下发有关文件，支持地下管廊建设。2015 年 1 月，住房和城乡建设部等五部委联合发出通知，要求在全国范围内开展地下管线普查，此后决定开展中央财政支持地下综合管廊试点工作，并对试点城市给予专项资金补助。

试点的 10 个城市总投资 351 亿元，其中中央财政投入 102 亿元，地方政府投入 56 亿元，拉动社会投资约 193 亿元。我们的思路是以试点示范带动全国建设地下综合管廊的积极性。全国共有 69 个城市在建地下综合管廊约 1000km，总投资约 880 亿元。

2. 施工工艺

综合管廊施工工艺与隧道施工类似，也分明挖暗埋法、盾构法、顶管法，对浅层管廊大多结合市政工程建设一道采用明挖顺作法施工。施工过程如图 4-47、图 4-48 所示。

图 4-47　综合管廊基坑放坡开挖施工

图 4-48　红山路地下管廊支护及管廊施工

4.4.4　某市政综合管廊专项施工方案

为了方便大家学习，本文收集位于某市河西南部地区××南路建设工程的市政综合管廊专项施工方案，供大家参考。

1. 工程概况

1.1　工程总体概述

项目名称：河西南部地区××南路建设工程二标段

建设单位：××××工程项目管理有限公司

项目位置：西起规划支路，东至××大街

设计单位：××京诚工程技术有限公司

监理单位：××建科建设监理有限公司

施工单位：××建筑第八工程局有限公司

勘察单位：××××地质工程勘察院、江苏今迈工程勘察有限公司

安全目标：杜绝重大伤亡和火灾事故，年工伤轻伤频率控制在 5‰ 以内。按国家颁布的《建筑施工安全检查标准》JGJ 59—2011 执行。

文明施工指标：达到业主满意。

质量目标：符合国家有关工程竣工验收标准。

新建河西南部地区××南路建设工程位于××市河西南部地区，西起规划支路，东至××大街，为城市主干道，标准段宽 80m，道路两侧各有 20m 绿化带（友谊路—江山大街段道路北侧为规划江东南河），道路总长约为 2.13km，道路采用主辅道断面，主线双向 8 车道，辅道双向 4 车道。

本标段道路工程部分起点为 K2+120，终点为 K4+251.498；综合管廊工程部分起点为 K2+120，终点为 K4+240，综合管廊为单层双仓结构，分别为水电仓及热力仓；通道部分共 5 个，分别是 6 号、7 号、8 号、9 号及黄河路地下通道（10 号）；3 座桥梁均为 1～16m 预应力混凝土空心板简支梁桥。

1.2 编制依据

（1）河西南部地区江东南路建设工程二标段 BHX130005-03SG 施工招标文件；

（2）建设单位提供的中冶京城工程技术有限公司设计的图纸；

（3）招标文件中关于本工程的工期、质量、安全、文明施工、交通等要求；

（4）勘察单位××××地质工程勘察院、江苏今迈工程勘察有限公司提供的勘察报告 2012-GK215、2012-GK215-1 及 KC12080；

（5）《建筑基坑支护技术规程》JGJ 120—2012；

（6）《建筑结构荷载规范》GB 50009—2012；

（7）《型钢水泥土搅拌墙技术规程》JGJ/T 199—2010；

（8）《建筑地基基础工程施工质量验收标准》GB 50202—2018；

（9）《钢筋焊接及验收规程》JGJ 18—2012；

（10）《建筑基坑工程监测技术规范》GB 50497—2009；

（11）《钢结构工程施工质量验收标准》GB 50205—2020；

（12）《混凝土结构工程施工质量验收规范》GB 50204—2015；

（13）《钢结构焊接规范》GB 50661—2011；

（14）《钢结构工程施工规范》GB 50755—2012；

（15）其他有关的规范及规程。

1.3 工程地质及水文情况

1.3.1 地质情况

本工程位于河西南部，拟建道路场地属长江漫滩地貌单元，拟建道路沿线穿越双闸街道的五星村、双龙村等村镇和农田，场地地形平坦，场地内河沟、水塘较多。全线不良地质发育为软土，全线均布，稍有光泽，干强度中等偏低，韧性低，无摇振反应，属中等灵敏度软土。

按揭露先后顺序将各分层地基土岩性特征及分布规律自上而下分述如下：

①杂填土：灰黄色、黄灰色等杂色，稍湿，结构松散，局部稍密，主要由粉质黏土夹少量建筑垃圾组成，硬杂物含量在 10%～30% 之间，不均匀分布，土质不均匀，局部为素填土。回填时间为近 3 年。该层分布较普遍。层厚 0.50～9.70m，平均厚度为 1.66m。

②1 黏土：灰黄、黄灰色，可塑，局部软塑，中偏高压缩性。无摇振反应，干强度和韧性中等偏低。可见少量铁质浸染斑点。局部夹粉土薄层，土质不均。局部缺失。顶板埋深 0.50～9.70m，层厚 0.20～4.00m。

②2 淤泥质粉质黏土：灰色，流塑，高压缩性。摇振反应缓慢，干强度和韧性中等偏低。

不均匀夹薄层稍密状粉土，具水平层理，该层土质不均，欠固结，可见少量腐殖物碎屑。灵敏度为 3.40，属中等灵敏土。分布均匀。顶板埋深 0.80～10.50m，层厚 0.90～20.0m。

②3 粉土夹淤泥质粉质黏土：灰色，湿～很湿，稍密，中压缩性。无光泽反应，摇振反应迅速，干强度低，韧性低。夹少淤泥质粉质黏土薄层，可见少量贝壳碎屑。该层土质不均匀。分布均匀。顶板埋深 3.80～17.90m，层厚 1.10～13.30m。

③粉砂夹粉质黏土：灰色，饱和，稍～中密，中压缩性。矿物成分主要为石英、长石、云母片。不均匀夹软～流塑状粉质黏土，粉砂及粉质黏土互层状，具微层理。土质不均匀。分布均匀。顶板埋深 6.50～24.00m，层厚 1.60～21.00m。

④1 粉砂：青灰～灰色，饱和，中密，局部密实，中偏低压缩性。矿物成分主要为石英、长石、云母片。土质不均匀，局部夹薄层粉土及粉质黏土，可见少量贝壳碎屑，具水平沉积层理。分布均匀。顶板埋深 10.80～28.80m，层厚 2.40～20.10m。

④2 粉砂：灰、青灰色，饱和，密实，局部中密，中偏低压缩性，矿物成分以石英、长石、云母片为主。具水平层理。土质不均匀，该层多夹细砂，局部夹薄层中密状粉土和软塑状粉质黏土，单层厚度 8～40cm，可见少量贝壳碎屑。分布均匀。顶板埋深 25.20～39.00m，控制层厚 12.00～25.00m。

1.3.2 地下水文情况

场地地下水浅部为孔隙潜水、中下部为弱承压水。孔隙潜水主要赋存于场地内①杂填土、②1 黏土、②2 淤泥质粉质黏土中，为统一含水层，富水性一般，透水性一般，其中①杂填土富水性较好，透水性较好，水位变化主要受大气降水及地表水的径流补给影响；弱承压水主要分布于②3 粉土夹淤泥质粉质黏土、③粉砂夹粉质黏土及以下④层粉砂层中，富水性好，透水性强。该承压水与长江连通性好，存在互补关系，水位变化主要受江水的侧向径流补给影响。

勘察期间测得初见水位 0.10～3.30m，实测稳定地下水潜水水位埋深 0.30～3.80m，水位呈季节性变化，年变化幅度约 0.50m。近三年场地最高地下水位埋深约 0.00～1.00m。勘察期间通过钻穿弱承压含水层隔水顶板后停钻，采用隔水措施，将潜水含水层隔开，抽干孔中水后，按要求稳定时间量测的弱承压水水位标高约为 3.50m。

1.4 基坑支护、降水、土方开挖情况

基坑支护、降水、土方开挖情况见表 4-4。

基坑支护、降水、土方开挖情况 表 4-4

工程名称	基坑支护形式	降水工程	土方开挖	
			开挖深度	基坑安全等级
10号通道	采用 SMW 工法桩（$\phi850@600$ 三轴深层搅拌桩内插 H700×300×13×24 型钢，插一跳一型）+多道钢管支撑的围护体系	基坑内共布置 32 口减压降水井	约 8.5m	一级
管廊	交叉节点段采用 SMW 工法桩（$\phi850@1200$ 三轴深搅桩内插 HW700×300×13×24 型钢）+三（四）层钢支撑作为支护结构；非交叉节点段采用鞍 IV 型钢板桩+二（一）层钢支撑作为支护结构	基坑内外布设减压降水管井	非交叉节点 6.20～7.65m，交叉节点 10.83～14.40m	小于 12m 的为二级，大于 12m 的为一级

2. 施工部署与施工准备

2.1　施工进度计划

本工程管廊在路基左侧，纵贯全线，K2＋120-K3＋544 段在道路红线外，从 K3＋544 拐进道路人行道及非机动车道内，直至 K4＋240。期间与 8 号（K3＋645）、9 号（K4＋053）通道有立体交叉。管廊基坑总长度达 2.12km，施工中存在多段工作面平行作业的情况，且考虑各个通道相互分离，无相互干扰因素，可平行作业。综合管廊与 8 号地下通道北侧出口交叉段下穿，基坑支护包含 SMW 工法桩、钢板桩、钻孔灌注桩、高压旋喷桩、钢支撑、竹竿插筋支护等，囊括了本项目所有基坑支护的形式。

根据现场进展情况，管廊、部分通道基坑支护、降水及土方开挖进度计划安排见表 4-5。

进度计划表　　　　　　　　　　　　　　　　　　　　表 4-5

序号	项目	施工时间	开始时间	完成时间
1	降水井施工	57 天	2013 年 8 月 23 日	2013 年 10 月 20 日
2	SMW 工法桩及钢板桩施工	76 天	2013 年 8 月 20 日	2013 年 11 月 4 日
3	土方开挖及钢支撑施工	112 天	2013 年 9 月 10 日	2013 年 12 月 31 日

2.2　土方开挖及支撑施工流程

综合管廊与 8 号、9 号通道左侧出口立体交叉，管廊下穿通道，8 号通道支护形式齐全，现以通道与综合管廊交叉点为例介绍支护桩、土方开挖及支撑结构施工流程，流程图如图 4-49 所示。

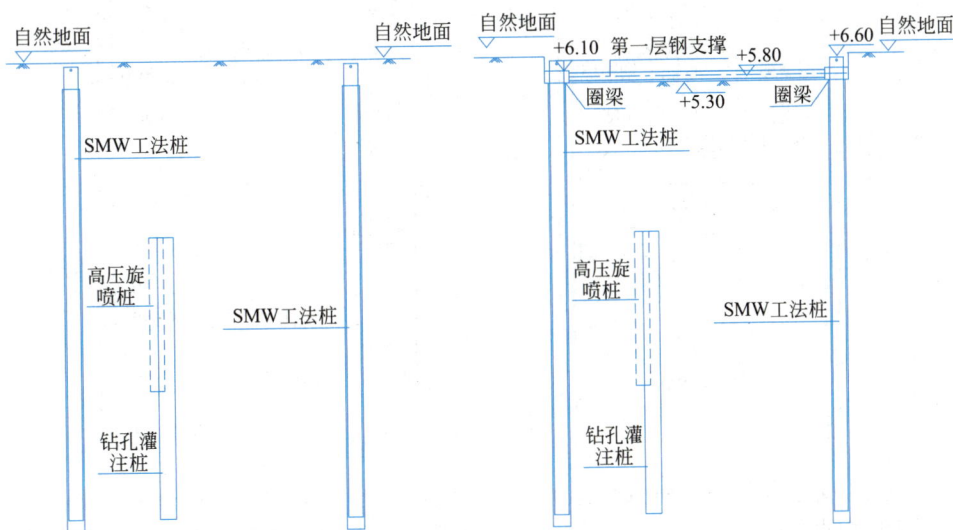

工况一：施工工程桩、钻孔灌注桩、SMW 工法桩、高压旋喷桩。

工况二：土方开挖至+5.30m，施工圈梁。待圈梁达到设计强度后，架设第一层支撑，并及时施加预压力。

+6.10　第一层钢支撑　+6.60　自然地面
+5.80
圈梁　圈梁
第二层钢支撑
钢围檩　+2.80　钢围檩
牛腿　牛腿
+2.30
SMW工法桩
SMW工法桩
高压旋喷桩
钻孔灌注桩

自然地面　第一层钢支撑　+6.60
+6.10　+5.80
圈梁　圈梁
第二层钢支撑
钢围檩　+2.80　钢围檩
牛腿　牛腿
SMW工法桩
第三层钢支撑
-0.50～-2.70
高压旋喷桩
SMW工法桩
钻孔灌注桩

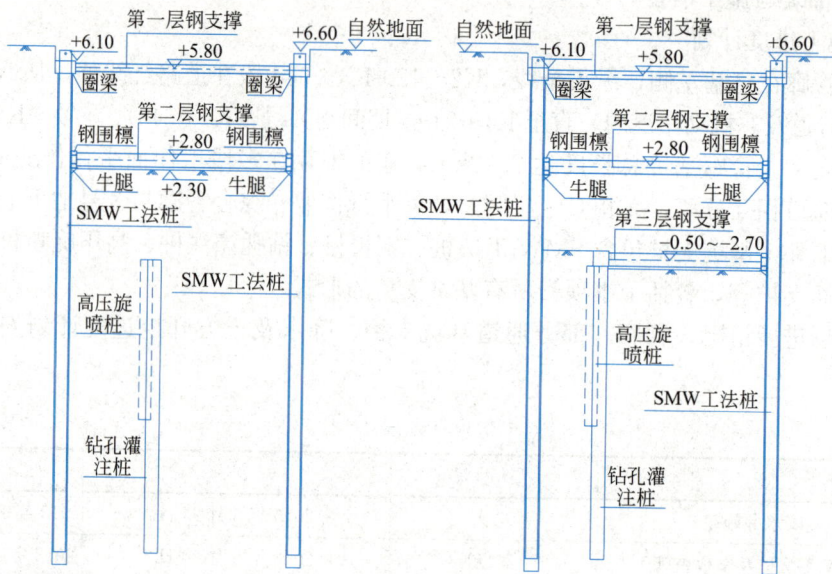

工况三：开挖土方至+2.30m，架设第二层支撑，并及时施加预压力。

工况四：开挖土方至第三层支撑底，施工圈梁。待圈梁达到设计强度后，架设第三层支撑，并及时施加预压力。

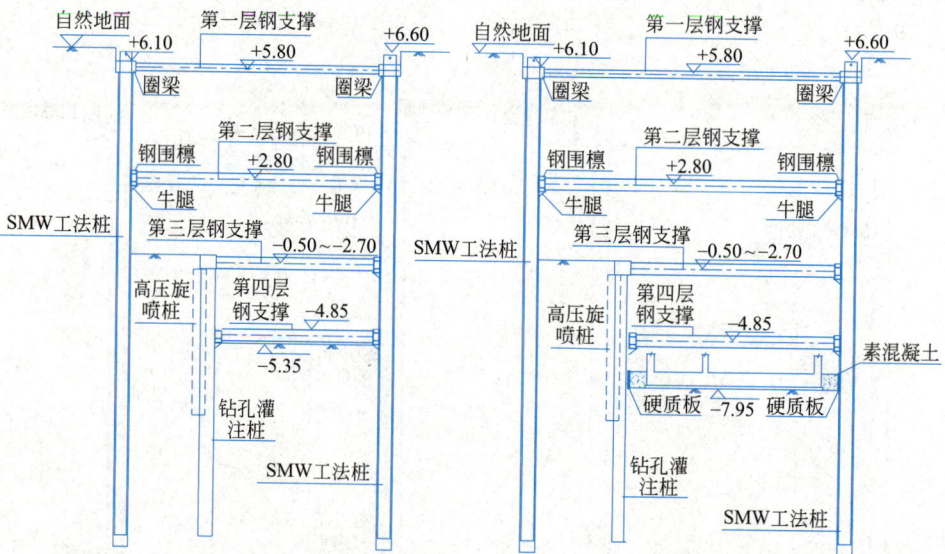

自然地面　第一层钢支撑　+6.60
+6.10　+5.80
圈梁　圈梁
第二层钢支撑
钢围檩　+2.80　钢围檩
牛腿　牛腿
SMW工法桩　第三层钢支撑
-0.50～-2.70
高压旋喷桩　第四层钢支撑　-4.85
-5.35
钻孔灌注桩
SMW工法桩

自然地面　第一层钢支撑　+6.60
+6.10　+5.80
圈梁　圈梁
第二层钢支撑
钢围檩　+2.80　钢围檩
牛腿　牛腿
SMW工法桩　第三层钢支撑
-0.50～-2.70
高压旋喷桩　第四层钢支撑　-4.85
素混凝土
硬质板　-7.95　硬质板
钻孔灌注桩
SMW工法桩

工况五：开挖土方至-5.35m，架设第四层支撑，并及时施加预压力。

工况六：开挖土方至-7.95m，及时浇筑垫层、管廊底板至工法桩、钻孔灌注桩边。

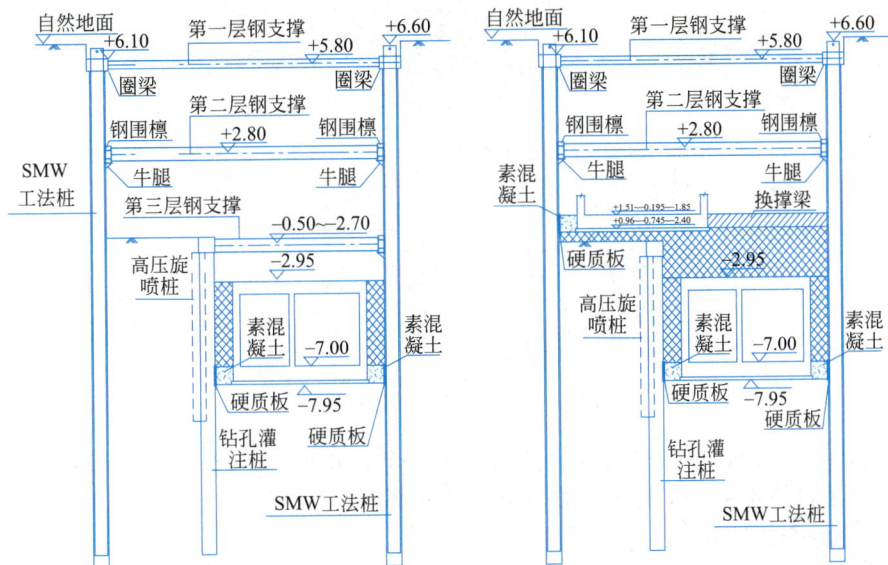

工况七：待底板及换撑结构达到设计强度80%后，拆除第四层钢支撑，继续施工管廊结构。待管廊结构达到设计强度80%后，施工外防水，并及时回填压实管廊结构与工法桩、支钻孔灌注桩间土方。

工况八：拆除第三层钢支撑，回填压实土方至通道垫层底标高，并及时浇筑通道垫层、底板及换撑梁至工法桩边。

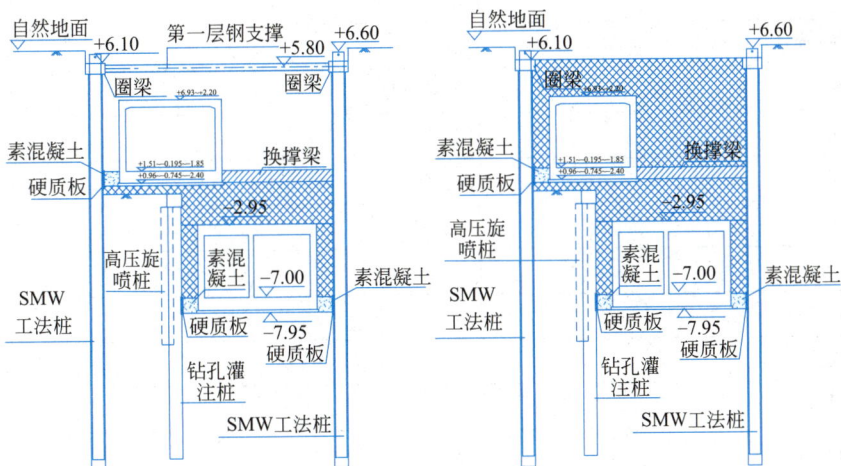

工况九：待通道底板及换撑梁达到设计强度80%后，拆除第二层钢支撑，继续施工通道结构。

工况十：待通道结构达到设计强度后，施工外防水，并及时回填压实土方至第一层支撑底；拆除首层支撑，继续回填土方至规划地面标高。

图 4-49　挡墙、支撑支护及开挖断面

2.3 施工组织机构

本项目施工组织机构框图如图 4-50 所示。

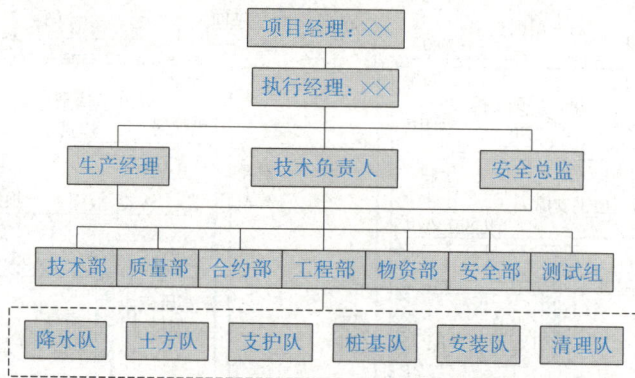

图 4-50　深基坑施工组织机构图

本工程基坑支护、降水及土方开挖成立以项目经理为组长、执行经理为副组长的施工领导小组，下设技术部、工程部、物资部、质安部等。

2.4 资源配置计划

（1）机械设备详见表 4-6 所述

主要施工机械投入计划表　　　　　　　　　　　　　　　　表 4-6

序号	设备名称	型号及规格	数量	单位
1	ϕ850 钻机	ZDK85-3	2	台
2	自动拌浆系统	ZD-88	2	台
3	灰浆桶	1m	2	个
4	存浆桶（池）	2m^3	2	个
5	注浆机	BW-200 型	2	台
6	电焊机	22kVA	8	台
7	空压机	3m^3	2	台
8	水泥筒仓	60m^3	2	个
9	50t 吊车		2	台
10	振动打桩机		4	台
11	履带起重机	50t	2	台
12	气割设备		4	套
13	高压旋喷桩机	YCY-100	2	台
14	挖掘机	PC200	5	台
15	挖掘机	PC300	8	台
16	挖掘机	PC120	8	台
17	长臂挖掘机	Pc400	12	台
18	自卸汽车	CQ30-290	50	辆

续表

序号	设备名称	型号及规格	数量	单位
19	轮胎式装载机	PYZ2250	1	辆
20	汽车起重机	QY-50t	2	台
21	焊接机	BX-315	10	台
22	洒水车	WX144AS	2	台
23	电动切割机	DYJ32	8	台
24	钢筋切断机	GJ40	3	台
25	插入式振捣器	ZG50	5	台
26	工程钻机	8QZJ-100 型	6	台
27	钻孔灌注桩机	GPS-15	4	台
28	潜水排污泵	$50m^3/h$	20	台
29	潜水泵	$\phi30$	200	台
30	空气压缩机	3W-0.8/10	8	台

（2）检测、检查设备详见表 4-7 所述

检测设备投入计划一览表 表 4-7

序号	设备名称	型号规格	单位	数量	备注
1	激光全站仪	SET3110	台	1	测量放线、基坑监测
2	激光测距仪	HP4	台	2	测量放线、基坑监测
3	水准仪	S3	台	6	测量放线、基坑监测
4	对讲机	—	台	12	测量放线、基坑监测
5	磅秤	200t	台	1	工程计量
6	电子秤	100kg	台	1	工程计量
7	混凝土试模	标准	组	30	混凝土实验
8	钢卷尺	50m	把	6	混凝土实验
9	坍落度筒	标准	件	3	混凝土实验
10	测绳	50m	件	20	桩孔、井孔检查
11	比重计		个	40	泥浆密度

（3）劳动力投入计划详见表 4-8 所述

劳动力投入计划一览表 表 4-8

序号	主要工种	基坑施工阶段	备注
1	打井降水	50 人	降水支队
2	清理及其他	20 人	文明施工支队
3	灌注桩施工	20 人	—

续表

序号	主要工种	基坑施工阶段	备注
4	土方管理人员	10 人	土方支队
5	汽车司机	60 人	
6	机械司机	30 人	
7	机械维修人员	10 人	
8	支撑施工管理人员	10 人	支撑结构施工支队
9	电焊工	20 人	
10	机械操作工	40 人	
11	钢筋工	30 人	
12	木工	30 人	
13	混凝土工	20 人	
14	电工	10 人	
15	测量工	10 人	

2.5 施工总平面图

施工总平面图（略）。

3. 基坑支护专项方案（简介）

3.1 SMW 工法桩施工

（1）三轴水泥土搅拌桩施工流程

施工具体流程：施工准备→测量放线→清除地下障碍物、平整场地→三轴搅拌机就位→水泥浆配置→成桩钻进与搅拌→（压浆注入）→弃土处理→钻机移位至下一孔位。

冷缝处理方法如图 4-51 所示。

阴影部分为24h以前施工的SMW搅拌桩

图 4-51 冷缝处理方法

（2）H 型钢插入

1）H 型钢减摩

H 型钢的减摩，主要通过涂刷减摩剂实现，涂刷步骤如下：

a. 清除 H 型钢表面的污垢和铁锈。

b. 使用电热棒将减摩剂加热至完全熔化，用搅棒搅时感觉厚薄均匀，方可涂敷于 H 型钢表面，否则减摩剂涂层不均匀容易产生剥落。

c. 如遇雨天，型钢表面潮湿，应首先用抹布擦去型钢表面积水，再使用氧气加热或喷灯加热，待型钢干燥后方可涂刷减摩剂。

d. H 型钢表面涂刷完减摩剂后若出现剥落现象应及时重新涂刷。

2）H 型钢插入

a. 在施工沟槽（或导墙）上设置 H 型钢定位卡，固定插入型钢的平面位置。型钢定位卡必须牢固、水平，H 型钢就位后，通过定位装置控制 H 型钢中心位置及方向，而后将 H 型钢底部中心对准桩位中心并沿定位卡徐徐垂直插入水泥土搅拌桩内，使用经纬仪或线锤控制型钢插入垂直度，靠型钢自重将型钢插入搅拌桩内。

b. 型钢起吊前在型钢顶端 150mm 处开一中心圆孔，孔径约 100mm，装好吊具和固定钩，根据建设方提供的高程控制点及现场定位型钢标高选择合理的吊筋长度及焊接点（或挂设钢丝绳），控制型钢顶标高误差小于 50mm。

c. 型钢起吊使用一台 50t 吊车，保证型钢在起吊过程中不变形。

d. 型钢插入过程中应随时调整型钢的水平误差和垂直误差。

e. 若型钢插放达不到设计标高，可以慢慢提升型钢到适当高度，重复下插至设计标高，但不得反复提升和下插，可借助一定的外力（振动锤）将型钢插入搅拌桩内。

（3）H 型钢的拔除

型钢拔除前，坑内土方应回填至自然地面，拔除过程中采取跳孔拔除措施，同时加强对基坑及周边环境的监测。拔除 H 型钢时，采用专用夹具及千斤顶以圈梁为反梁起拔回收 H 型钢。回收 H 型钢后，用 6％的水泥浆填充 H 型拔除后的空隙。整个回收过程需包括下述两方面的工作：

使用专用夹具及千斤顶以混凝土圈梁为反梁基座，起拔回收 H 型钢。

拌制水灰比为 0.5 的水泥浆液，使其注浆充填 H 型钢拔出后的空隙，减少型钢拔出后遗留空洞对路基沉降的影响。

1）施工安排

本工程根据施工节点拔除 H 型钢，拟采用 1 台 25t 汽车吊车配备一组千斤顶（两个型号 QD-200T 千斤顶）。

2）H 型钢拔除

平整场地→安装千斤顶→吊车就位→型钢拔除→孔隙填充。

3）平整场地

a. 拔 H 型钢前，必须先进行顶圈梁上的清土工作，以保证千斤顶垂直平稳放置。

b. 工作面上物件清理干净，以满足 25t 吊车起拔型钢为准，并有拔出 H 型钢后的堆放场地和运输 H 型钢的通道。

4）安装千斤顶

将两个千斤顶（型号为 QD-200T）平稳地安放在顶圈梁上，要拔除的型钢的两边用吊车将 H 型钢起拔架吊起，冲头部分"哈夫"圆孔对准插入 H 型钢上部的圆孔并将销子插入，销子两端用开口销固定以防销子滑落，然后插入起拔架与 H 型钢翼羽之间的锤型钢板夹住 H 型钢。

5）H 型钢拔除

开启高压油泵，两个千斤顶同时向上顶住起拔架的横梁部分进行起拔，待千斤顶行程到位时，敲松锤型钢板，起拔架随千斤顶缓缓放下至原位。待第二次起拔时，吊车须用钢丝绳穿入 H 型钢上部的圆孔吊住 H 型钢，重复以上工序将 H 型钢拔出。

6）拔出的型钢有序堆放，待一定量时装运，现场应留出足够的通道和停车场地。

7）孔隙填充

为避免拔出 H 型钢后其孔隙对周围建筑及场地地下土层结构的影响，拔出 H 型钢后及时填充，以水泥浆液为主。

3.2 钻孔灌注桩施工

本工程钻孔灌注桩主要集中在 8 号、9 号通道的基坑支护中，兼做通道与管廊间高差支护桩。根据地质条件，采用正循环钻机成孔施工。

（1）施工工艺流程

钻孔灌注桩施工流程图如图 4-52 所示。

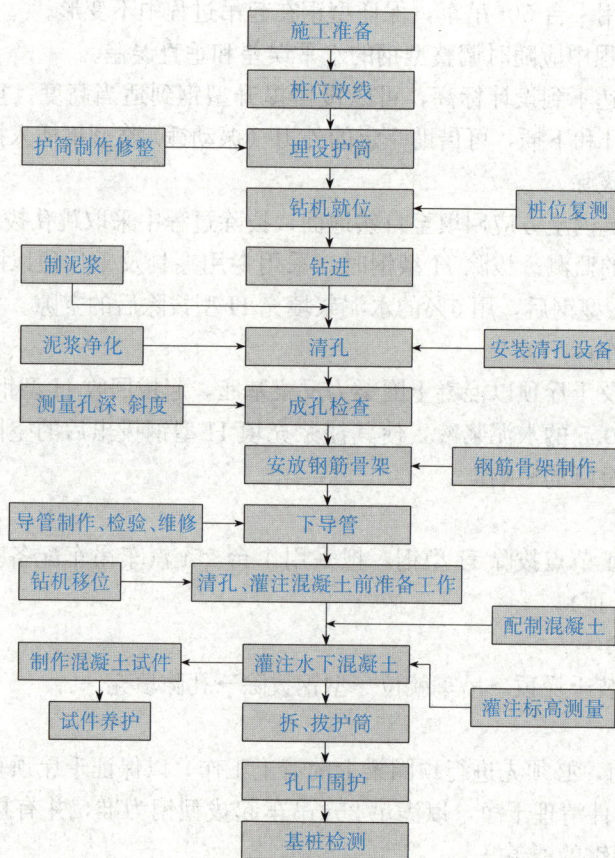

图 4-52　钻孔灌注桩施工流程图

（2）主要工序施工方法

1）钻机就位前，应对钻孔各项准备工作进行检查。钻机安装后的底座和顶端应平稳，在钻进中不应产生位移或沉陷。就位完毕，作业班组对钻机就位自检。

护筒为钢护筒，护筒用 5～6mm 厚钢板制作，上部一侧开 1～2 个溢浆孔，护筒内径大于桩径 20cm。

护筒埋设：先放出桩位点，过桩位中心点拉十字线在护筒外 80～100cm 处设控制桩，将钻头对准桩位钻至 1m 左右，再用钻头侧壁上的边刀扩至护筒外径尺寸，然后用钻机上的副卷扬将护筒吊放进孔内，用水平尺和吊线锤校验护筒竖直度，最后用钻头将钢护筒压入到预定位置，即护筒顶面高出施工地面 0.2～0.3m，分层对称采用黏土夯填筒边外侧空隙。

埋设护筒后，用测量仪器复核桩位，将钻机就位，立好钻架，对准桩孔中心，拉好风缆绳护筒埋设好后，就护筒顶面中心与桩位偏差（不得大于 5cm）、倾斜度（不得大于 1‰）等准备工作做完以后及时向监理工程师报检，经确认符合要求后，进行下道工序。

2）桩位成孔作业。当钻机调试完成后，①根据监理工程师批准的施工技术方案及开工指令开始钻孔作业；②严格按照作业指导书、钻孔工艺、技术要求及操作要点进行，随时掌握钻机的钻进情况；③根据土层土质泥浆比重随时调整钻头压力及钻头转速；④认真填写钻孔记录；⑤当钻孔深度达到设计标高后，即停钻检测孔位、孔深、垂直度，降低孔内泥浆相对密度，实施换浆清孔；⑥换浆完成后用测锥量测孔底沉渣厚度，使其达到设计及施工规范要求。

3）钢筋笼按照设计图纸集中下料现场成型，根据需要长度分成 2～3 节，钢筋笼要焊接牢固，吊孔结实，主筋、箍筋位置准确。钢筋笼标高偏差不得大于±5cm。钢筋笼吊装示意图详见图 4-53～图 4-55。

4）导管安装时将连接螺栓对称拧紧，防止漏气。导管随安装随放入孔中，直到导管底口距孔底 40cm 左右为宜。

5）第二次清孔。在第一次清孔达到要求后，由于要安放钢筋笼及导管，至浇筑混凝土的时间间隙较长，孔底又会产生沉渣，所以待安放钢筋笼及导管就绪后，再利用导管进行第二次清孔。清孔的方法是在导管顶部安装一个弯头，用泵将泥浆压入导管内，再从孔底沿着导管外托升置换沉渣。

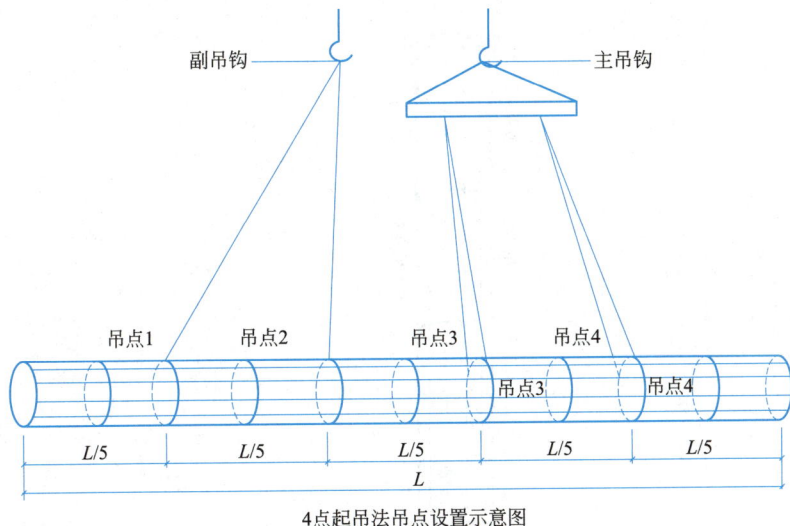

4 点起吊法吊点设置示意图

图 4-53　钢筋笼起吊示意图 1

6）灌注水下混凝土采用拌合站集中拌制，混凝土罐车运输。混凝土灌注时，首批混凝土数量应保证导管埋入混凝土中不少于 1m。正常灌注后，要连续施工。导管埋深控制在 3～6m，最大埋深不能超过 8m。其流程图见图 4-56。

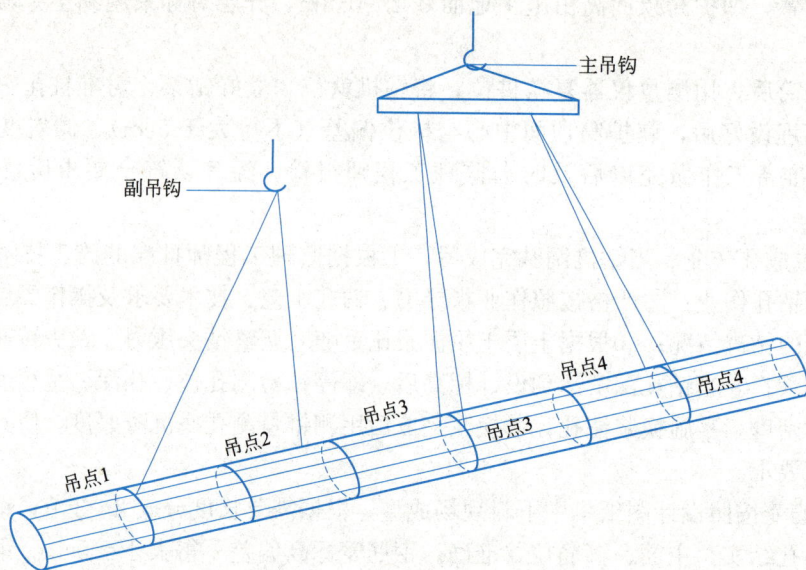

主吊钩

副吊钩

吊点1　吊点2　吊点3　吊点3　吊点4　吊点4

图 4-54　钢筋笼起吊示意图 2

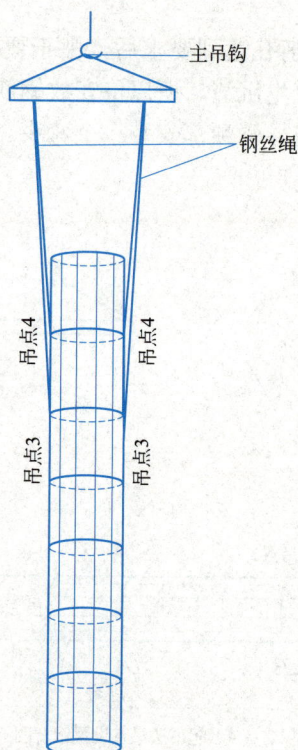

主吊钩

钢丝绳

吊点4　吊点4

吊点3　吊点3

副吊钩放松，主吊钩上提，
骨架垂直地面

图 4-55　钢筋笼吊装示意图

7）当桩身混凝土强度达到设计要求强度时，即可开挖凿除桩头多余部分至设计要求。

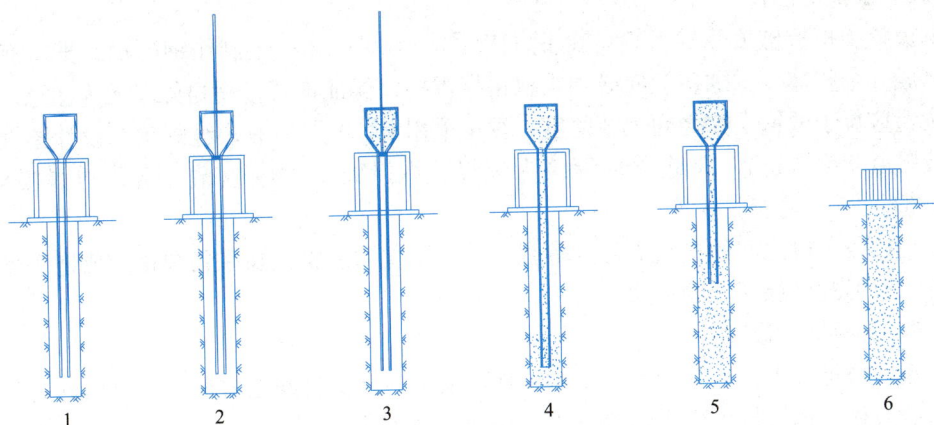

图 4-56　导管法灌注桩施工流程图

1. 安设导管（导管底部与孔底之间留出 30～50cm 空隙）；2. 悬挂隔水栓，使其与导管水面紧贴；

3. 灌入首批混凝土；4. 剪断铁丝，隔水拴下落孔底；5. 连续灌注混凝土，上提导管；

6. 混凝土灌注完毕，拔出护筒

3.3　高压旋喷桩施工

高压旋喷桩主要在钻孔灌注桩之间，起到桩间止水的作用。高压旋喷桩采用三重管施工工艺，桩径 800mm，间距 1000mm，使用 42.5 级普通硅酸盐水泥，水泥用量每米不少于 450kg。

施工顺序及工艺流程：

（1）引孔钻机就位导孔；

（2）旋喷机就位下旋喷头至设计桩底标高；

（3）边提升、边旋转喷射至设计桩顶标高；

（4）提钻清洗钻具；

（5）移机至下一孔位。

3.4　钢板桩施工

钢板桩支护采用鞍Ⅳ型钢板桩，钢板桩之间采用钢围檩进行连接，围檩与每根钢板桩之间空隙须打入木楔抵紧，转角必须设置牛腿。采用直径 $\phi400\times14mm$、$\phi609\times16mm$ 的钢管进行内支撑，管道安装须调整对撑间距并及时回顶。其施工工艺流程如图 4-57 所示。

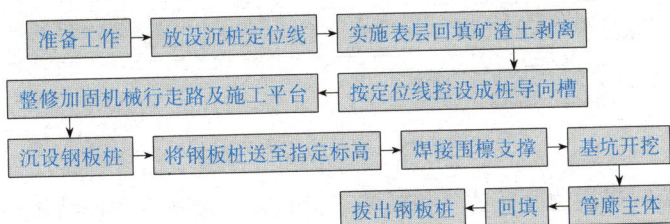

图 4-57　钢板桩工艺流程

3.5 围檩的制作

钢板桩中钢板桩顶部需用 Q235b 钢 HW400×400×13×21 制作钢围檩，把所有的钢板桩连成一个整体。钢围檩纵向必须采取可靠焊接以保证连续，拐角处应尤为注意。焊接接头位置应位于两钢支撑之间 1/3 跨度。焊条采用 E4303。所有焊缝焊满，设计图纸未注明焊接厚度均为 8mm，焊缝质量等级为三级。焊接施工时应遵循《钢结构焊接规范》GB 50661—2011 的有关要求。

钢围檩段与段之间的接头需做到等强连接，围檩的型钢接长采用焊接形成连续梁，不应出现悬臂形式以保证力的传递。

3.6 钢板桩的拔除

钢板桩拔桩要求：当综合管廊结构、地下通道与支护桩间土方回填至自然标高后，方可拔除钢板桩。钢板桩拔除采用跳拔工艺如图 4-58 所示。

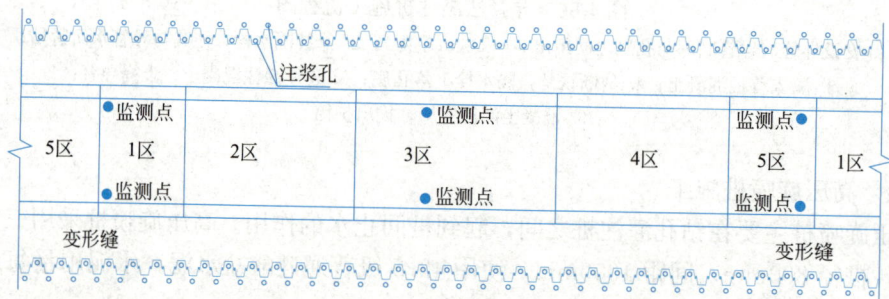

图 4-58　拔桩工序分区和监测点布置平面图

3.7 圈梁施工

3.8 钢支撑施工

钢支撑架设施工工艺

（1）支撑安装流程

本支护工程为先地上安装焊接支撑，从混凝土围梁位置开始，从上至下分层进行支护。

多道支撑施工顺序如图 4-59 所示。

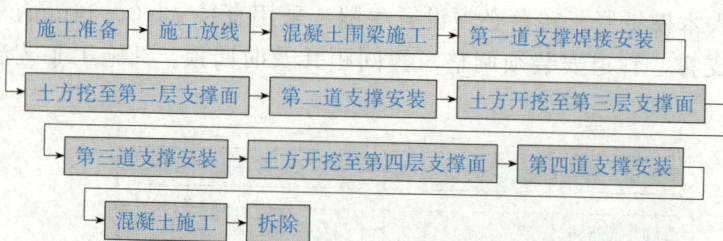

图 4-59　支撑施工流程图

多道支撑安装时采用边开挖边支撑的施工措施，尽量减少支护结构外露时间。在安装焊接各道钢支撑的同时应施加预应力。

（2）钢支撑架设

钢支撑的架设是保证基坑开挖和主体结构施工安全、控制基坑收敛和位移的有效措施。钢支撑进场前全面检查验收，特别加强钢管长度、壁厚和钢管接头焊缝质量检查。经质检员和监理工程师验收合格后才能进行下一步施工，钢支撑安装时位置由专人负责放样，钢支撑在架设前应在地面平台进行拼装，试拼装合格后方能进行架设。

安装钢支撑前首先在围护结构上安装固定钢围檩的三角支撑架，然后安装围檩和钢管支撑的托盘，并在托盘上放钢管支撑的十字线。在钢围檩与围护桩之间抹快凝早强砂浆垫层使钢围檩与桩紧密结合。钢支撑安装紧跟基坑开挖进度，随挖随撑，安装钢管时控制好轴线位置，防止钢管安装不到。

（3）钢支撑拔除

钢支撑拆除要自下而上分段拆除。在基坑回填压实至一定高度时，才可拆除。拆除时应避免瞬间应力释放过大而导致结构局部变形、开裂，可以采用分步卸载钢支撑预应力的办法。钢支撑的拆除施工工艺：支撑起吊收紧→施加预应力→气割抱箍→吊出支撑。

3.9　立柱及立柱桩的施工

本工程立柱及立柱桩分布在 K3+090～K3+111.5 段的管廊基坑支护中。立柱桩为直径 ϕ800mm 钻孔灌注桩，立柱采用 ϕ426×12mm 的钢管，插入立柱桩内 2.5m。

立柱桩施工采用上述钻孔灌注桩施工工艺。立柱桩不仅要发挥支护桩的使用功能，同时又是施工阶段的重要承重构件，其垂直度与成桩质量应比普通支护桩要求更高。按设计要求，控制好垂直度。因此，立柱桩的施工技术措施在某些方面比普通工程桩要求更严。

施工中，设有专用台架和施工平台制作钢筋笼，拼接钢立柱，以保证笼体平直。环形箍筋与主筋采用点焊连接，螺旋箍筋与主筋采用间隔点焊连接。

钢立柱采用场内制作，现场拼接时，钢立柱拼接材料须用立柱角钢相同型材，拼接角钢长度为 500mm，角钢对接端部须磨平，端面应水平。拼接处另加缀板，钢立柱拼接部位周边须满焊、焊缝高 10mm。

成桩完毕后的钢立柱固定夹具，应在混凝土灌注 12h 后拆除，确保钢立柱固定和不发生位移。

3.10　毛竹插筋支护施工

土钉支护主要存在于通道进出口处的坡面防护中，采用毛竹插筋。主要施工流程如下：定位放线→基坑开挖修坡→毛竹制作→毛竹锚入。

施工中注意坡面排水，保证坡面的稳定。插筋时注意角度的控制。

4. 基坑降水施工专项方案简介

4.1　降水井概况

××××建设工程二标段综合管廊及地下通道基坑深井降水井深度为 26.5～32.0m 不等，在支护桩施工结束，第一层支撑施工后，就要开始提前 15d 降水，保证水位处于坑底标高 0.5m 以下。降水井平面布置如图 4-60 所示。

4.2　沉降控制措施

（1）在降水运行过程中随开挖深度逐步降低承压水头，根据抽水试验得到的参数，计算不同井群组合下坑内地下水的深度，随基坑开挖深度确定井群的运行。没有抽水的井可作为观测井，控制承压水头与上覆土压力使其满足开挖基坑稳定性要求，使降水对环境的影响进一步降低。

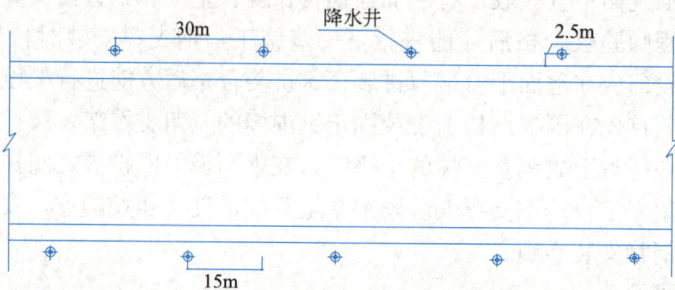

图 4-60   降水井平面位置

（2）采用信息化施工，对周围环境进行监测，发现问题及时处理调整抽水井及抽水流量。

（3）结合本工程的实际情况，一旦发生周边沉降量超过报警值，在抽水井开始抽水时回灌井应同时工作，以保证基坑外自然水位稳定。

（4）基坑回弹

软黏性土在卸载作用下会发生回弹，基坑开挖深度越大、卸载越多，回弹量越大。当坑底下设有桩或坑底土加固后，有利于减少回弹量。故应注意上述土体回弹会对基坑支护结构、周围邻近已有建筑物、地下管线等产生不利影响。

（5）软土流变问题

在动力作用下土体强度极易降低，因此在开挖过程中应尽量减少土体扰动。开挖中应充分利用土体时空效应规律，严格掌握施工工艺要点：沿纵向按限定长度逐段开挖，在每个开挖段分层、分小段开挖，随挖随撑，按规定时限开挖及安装支撑并施加预应力，按规定时间施工底板钢筋混凝土，减少暴露时间。

4.3   降水目的

根据本工程的基坑开挖及基础底板结构施工的要求，本次降水目的：

1）把基坑内的水位降下去便于地道、管廊基础施工。

2）降低土层的含水率便于土方开挖运输。

3）加固基坑内和坑底下的土体，提高坑内土体抗力，把基底下的土层固结形成一个保护层，防止基底隆起，基坑四周坍塌对周边环境造成破坏。

4）控制水位回升，避免回水形成巨大浮力对已建工程造成破坏。

4.4   降水井参数、施工工艺

（1）井身结构、降水深井布置

1）井身结构

降水井深度：26.5～32.0m，根据水文地质条件和基坑开挖的深度决定降水井深度。

降水井井径：$\phi 800$。

滤水管管径：$\phi 360$（无砂管）。

滤料：绿豆砂。

降水井间距：约 15m。

2）井身结构见降水井剖面图（图 4-61）。

图中标注：
- 500
- +6.80
- 7500
- 黏土球回填
- 2000
- −2.70
- 2000
- φ360/300成品滤管
- 滤网
- 绿豆砂填充
- 2000
- −22.70
- 沉淀管
- 钢板封底
- −24.70
- 800

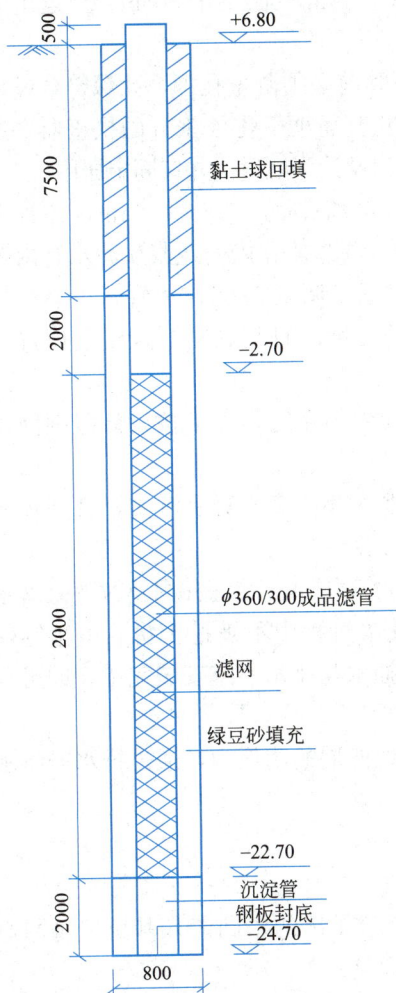

图 4-61　减压降水井大样图

（2）井位布置

为确保降低开挖范围内土层的含水量，降低围护范围内基坑中的地下水位，保证基坑的干开挖施工的顺利进行。沿×××路基坑外侧 2.5m 布设降水井，井位以跳跃的方式施工，相邻两井位间距约为 15m，部分区域可根据含水层大小增加降水井数量或减少距离。

（3）深井构造及设计要求

1）井口：井口应高于地面以上 0.50m，以防止地表污水渗入井内，一般采用黏土封闭，其深度不小于 0.50m。

2）井壁管：均采用预制混凝土管，井壁管直径 φ360（外径）。

3）过滤器（滤水管）：均采用成品滤管。

4）沉淀管：沉淀管主要起到过滤器不致因井内沉砂堵塞而影响进水的作用，沉淀管接在滤水管底部，直径与滤水管相同，长度为 2m，沉淀管底口用钢板封闭。

5）填砾料：回填绿豆砂。

6）填黏性土隔水封孔：在绿豆砂的围填面以上采用黏土球围填至井口并夯实，并做好井口管外的封闭工作。

7）根据设计要求及分层挖土的情况，土方开挖露出井管立即安排专人，及时随挖随斩断，并及时安装好抽水泵保证降水效果。

（4）成孔成井施工工艺与技术要求

成孔施工机械设备选用 8QZJ-100 型工程钻机及其配套设备。采用正循环回转钻进泥浆护壁的成孔工艺及下井壁管、滤水管，围填砾料、黏性土等成井工艺。成井工艺流程如下：

1）测放井位：根据深井井点平面布置图测放井位，当布设的井点受地面障碍物或施工条件的影响时，现场可作适当调整。

2）埋设护口管：护口管底口应插入原状土层中，管外应用黏性土或草辫子封严，防止施工时管外返浆，护口管上部应高出地面 0.10～0.30m。

3）安装钻机：机台应安装稳固水平，大钩对准孔中心，大钩、转盘与孔的中心三点成一线。

4）钻进成孔：降水井开孔孔径为 φ800，一径到底。钻进开孔时应吊紧大钩钢丝绳，轻压慢转，以保证开孔钻进的垂直度，成孔施工采用孔内自然造浆，钻进过程中泥浆相对密度控制在 1.10～1.15，当提升钻具或停工时，孔内必须压满泥浆，以防止孔壁坍塌。

5）清孔换浆：钻孔钻进至设计标高后，在提钻前将钻杆提至离孔底 0.50m，进行冲孔清除孔内杂物，同时将孔内的泥浆密度逐步调至 1.10，孔底沉淤小于 30cm，至返出的泥浆内不含泥块为止。

6）下井管：管子进场后，应做滤孔符合性检查。下管前必须测量孔深，孔深符合设计要求后，开始下井管，下管时在滤水管上下两端各设一套直径小于孔径 5cm 的扶正器（找正器），以保证滤水管能居中，并连接要牢固、垂直，下到设计深度后，井口固定居中。

7）填砾料（绿豆砂）：填砾料前在井管内下入钻杆至离孔底 0.30～0.50m，井管上口应加闷头密封后，从钻杆内泵送泥浆进行边冲孔边逐步调浆使孔内的泥浆从滤水管内向外由井管与孔壁的环状间隙内返浆，使孔内的泥浆密度逐步调到 1.05，然后开小泵量按前述井的构造设计要求填入砾料，并随填随测填砾料的高度。直至砾料下入预定位置为止，砾料的用量不少于计算用量的 95%。

8）井口封闭：为防止泥浆及地表污水从管外流入井内，在地表以下按设计范围回填黏性土封孔止水。

9）洗井：在提出钻杆前利用井管内的钻杆接上清水洗井，清出管底沉淤，直到水清不含砂为止。

10）安泵试抽：成井施工结束后，每口深井安装一台高压泵。在深井内及时下入潜水泵、电缆等，电缆与管道系统在设置时应注意避免在抽水过程中不被挖土机、吊车等碾压、碰撞损坏，因此，现场要在这些设备上进行标识。抽水与排水系统安装完毕，即可开始试抽水。

11）排水：洗井及降水运行时应用管道将水排至场地四周的明渠内，通过排水渠将水排入场内三级沉淀池内，然后再排入场外河道中。

（5）降水井控制要求

1）地下水位应降至基坑底最低高程 0.5m 以下。

2）每个集水井应配备 1 台水泵，做到随集随排，严禁排出的水回流入基坑；每两口井至少配备 1 台备用水泵，雨季施工时配足足够的排水设施。

3）坑内降水井随着土方开挖深度加深，适时降低降水井高度，但必须保证井顶高出开挖面 200mm。土方开挖至井周 500mm 距离时采用人工掏挖井周土，以保护无砂降水井管。

4）降水作业持续至主体结构顶板回填完毕。

5）抽水实施三班制，每班均需对各口降水井的流量和水位进行观测，及时反馈数据以便指导施工。观测水位时，应在降水前观测初始水位高程，以后定期观测，雨季增加观测密度。降水抽出的地下水含砂量应符合规定，发现含砂量过大或水质混浊应分析原因及时处理。

6）施工中每天测报抽水量及坑内的地下水位，如发现地下水位变化大于 500mm/d 时，应及时通知设计、监理以便调整降水方案。

7）降水过程中须严密监控周边环境变化，若影响较大时，应采取回灌措施。

5. 基坑监测

5.1 测试内容

1）支护结构顶部水平、竖向位移量测：沿支护桩顶面每隔 20～25m 设一观测点；

2）支护结构侧向位移（测斜）：沿支护桩外侧每隔 20～50m 布置 1 根测斜孔，测斜管深度应超过钢板桩底标高 3m；

3）支撑轴力量测：平面支撑系统应选择 10％以上支撑，采用同截面应变计进行钢支撑轴力量测；

4）地下管线水平、垂直位移的量测：条件允许应布置直接观测点；

5）周边地面沉降监测：周边道路每隔 20～30m 设 1 个沉降观测点；

6）坑外地下水位的观测：基坑外侧通过降水井，对坑外水位进行观测；

7）管廊结构竖向、水平向变形的观测：根据变形缝分段设置，每段管廊设置 6 个观测点，监测点平面布置图如图 4-62 所示。

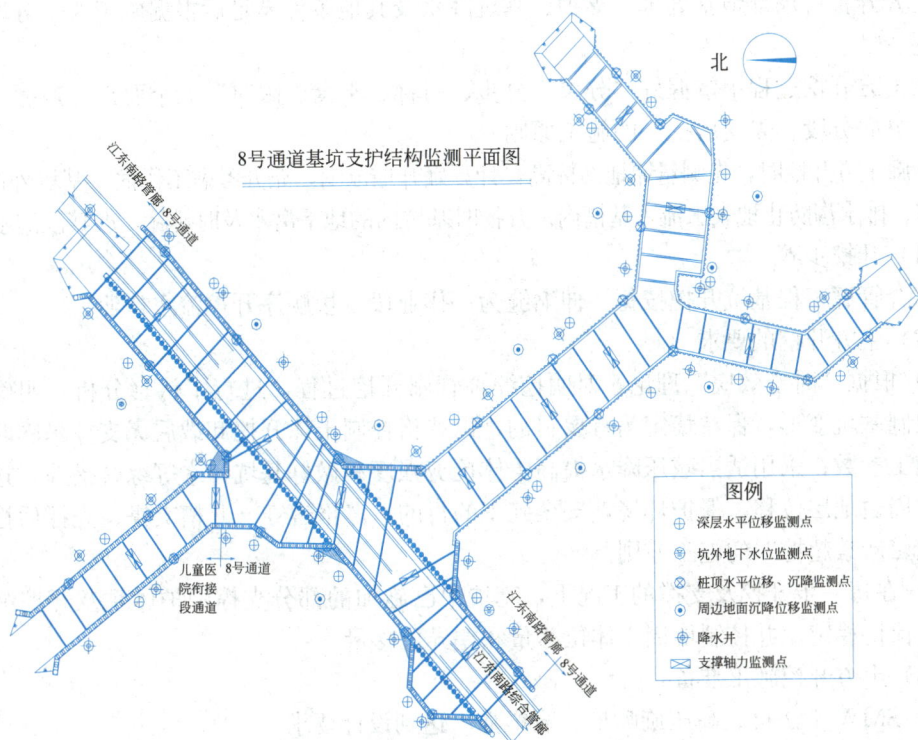

图 4-62　8 号通道监测点平面布置

5.2　监测要求

1）基坑监测由有监测资质的单位严格按设计要求，制定详尽的基坑工程监测方案，并报设计单位审查确认后方可执行。

2）监测单位充分理解设计意图，并在支护结构施工过程中结合现场条件合理布置监测位置，并取得初读数，且不应少于两次。

3）监测位置结合现场条件合理布置，所有测试点、测试设备需在整个基坑支护施工过程中加强保护，以防损坏。

4）监测周期：为钢板桩（工法桩）施工至钢板桩（型钢）拔除的全过程。

5）监测频率：在基坑开挖期间，原则上须做到一日一测；具体频率可视监测信息反馈结果进行适当调整。

6）测试单位需及时向建设、设计、监理及施工等各方通报测试结果并提供最终测试成果报告。

5.3 监测与测试的控制要求

1）周边管线：一般市政地下管线报警界限应根据管线单位及有关部门要求确定。

2）监测变形容许值及报警值（略）。

6. 土方开挖施工方案

本工程基坑开挖土方量主要集中在江东南路管廊及 5 个地下通道（6、7、8、9、10号）。江东南路综合管廊长 2.12km，土方开挖量约 170000m³，开挖深度 6.65～14.75m（与管廊交叉点）。

土方开挖待局部地基处理、支护、基坑降水及其他条件满足后根据施工要求分段、分阶开挖。

在土方开挖过程中掌握好"分层、分步、对称、平衡、限时"五个要点，遵循"竖向分层、纵向分段、先支后挖"的施工原则。

管廊土方开挖时，先测量原地面标高，计算好开挖范围，充分考虑工作面。基坑外侧设置挡水墙、排水沟防止地表水流入基槽内。开挖时基坑内的地下潜水及时排除，严禁浸泡基坑。

（1）开挖步骤

综合管廊工程基坑开挖按每一伸缩缝为一作业段，按顺序开挖流水作业。

（2）土方开挖的要求

1）根据"时空效应"理论，对明挖综合管廊开挖过程，进行了认真分析，明确了以严格控制基坑变形，保持稳定为首要目的；以严格控制土体开挖卸载后无支撑暴露时间为主要施工参数；采用适当减压降水提高土体抗剪强度和做好基坑排水等综合措施，达到控制基坑周边地层位移，保护环境，安全施工的目的，严格遵守"开槽支撑、先撑后挖、分层开挖、严禁超挖"的施工原则。

2）在每一步开挖及支撑的工况下，基坑中已施加的部分支撑围护体系及开挖纵向坡度得以保持稳定，并控制坑周土体位移量和差异位移量。

（3）土方开挖施工准备

1）SMW 工法桩、高压旋喷桩、冠梁强度达到设计要求。

2）根据现场实际情况布置施工场地，规划运输车辆行车路线。

3）减压降水井已达到设计要求，降水开始，基坑土体得到加固。

4）选用挖掘机进入现场前先做一次检修，保证开工期间机械正常运转。

5）支撑满足施工和备用的数量，检测设备开始运转。

6）基坑排水设备的数量满足土方开挖施工要求，防止空隙潜水汇集浸泡基坑，从而造成支护结构大幅度变形。

7）落实出土运输路线和弃、存土场地，办理有关渣土外运证件。保证基坑开挖中连续高效出土，加快开挖速度，减少地层扰动，确保水平位移量在规定指标内。

8）认真制订、学习施工组织设计和施工操作规程，掌握深基坑开挖与支撑施工技术的要点，做到思想统一、交底清楚、目标明确，严格遵循"阶梯式"开挖顺序，遵从"从上到下、分层分块、留出护坡，阶梯流水开挖，垫层及时浇筑"的总原则。

（4）土方开挖

1）第一道钢支撑位置以上深度范围内土方采用挖掘机退行开挖，直接装车。以下各层考虑分侧开挖。

2）开挖中坚持"分层、分块、快速开挖、快速支撑"的原则。开挖过程中每层纵向坡度控制在不陡于 1：3。

3）基坑土方主要采用机械开挖，人工配合挖除机械挖不到的地方。

（5）土方开挖施工要点

1）开挖前做好准备工作：查明周边地下管线和地下构筑物情况，做好拆迁和加固预案，采取切实可行的措施确保施工期间地下管线和地下构筑物的安全正常使用。同时进行基坑降水与基坑外排水，保证基坑内施工在无水条件下进行。

2）基坑开挖应从上到下依次进行，在基坑竖向平面内严格遵守"纵向分段、竖向分层，随挖随撑，及时监测"的原则，严禁超挖。支撑与开挖密切配合，土方挖到设计标高后及时支撑，减少无支撑暴露时间。基坑开挖至垫层以上 200～300mm 时进行坑底验槽，改用人工开挖余下土方，疏干坑内积水，及时施作垫层及底板。

3）基坑开挖时注意基坑的侧向稳定，采取基坑分段开挖，每段长度按照伸缩缝分段控制，开挖过程中为保证基坑安全，每层纵向坡度控制在不陡于 1：3。

开挖的顺序、方法必须与设计工况相一致，挖至降水井位置时，采用专人看护，防止降水井破坏。

4）开挖前预见事故发生的可能性，预备一定的应急材料，做好基坑抢险加固准备工作。引起流砂、涌土或坑底隆起失稳时，或维护结构变形过大或有失稳前兆时，应立即停止施工，并采取确实有效的措施，确保施工安全，顺利进行。

5）基坑开挖和结构施工期间，支护桩外侧堆载，不得超过 20kPa。

6）为确保钢管支撑的稳定性，钢管支撑上不得施加任何荷载，严禁施工机械对其碰撞。基坑边禁止重型车辆或机械通行。

7）钢支撑的架设必须准确到位，并且严格按照图纸的要求施加预应力。尤其要注意支撑的稳定性，在斜撑的制作、安装等每一环节都要精心作业。另外从钢支撑的架设到拆除的整个过程，对钢支撑的监测应严格要求，确保钢支撑稳定万无一失。同时用于架设钢支撑的钢围檩的制作必须保证其稳定、强度、变形的要求。

8）挖土过程中，配备足量水泵，地下水较大时，及时抽排。

（6）施工应急措施

1）支护结构受力体系方面的应急处理措施：

①若土方开挖过程中出现局部坑壁位移过大，坑边出现裂隙等情况，及时暂停土方沿基坑纵向的开挖范围，采取增加钢支撑等措施控制变形开展；如变形发展迅速，立即回填土方，阻止变形进一步扩大，待查明原因并采取相应措施后方可继续开挖。

②若基坑侧壁出现局部滑坍，先查明原因，消除产生滑坍的因素，同时进行修补加固。一般在坑壁外采用土袋或碎石袋回填充实，并可在塌方处口部打垂直锚管、焊接横向网筋，并及时喷射混凝土面层。

③若在土方开挖过程中出现钢管支撑挠曲变形，根据支撑轴力监测数据反馈结果，采取增设钢管支撑分担受力，防止出现钢管崩脱事故。在施工过程中，加强对钢支撑轴力的监测，并根据钢支撑预应力损失情况及时补充施加预应力。

④若土方开挖至基坑底标高时支护结构监测数据已达报警值，应加快垫层混凝土及主

体结构底板施工进度，并将垫层和底板混凝土浇筑至支护桩边。

⑤如在拆除支撑工况过程中出现变形较大，根据变形量以及相邻两仓未拆除支撑轴力监测情况采取增设钢管支撑措施，加强侧向约束，使拆撑后变形趋于稳定，保障主体结构的顺利施工。

⑥若土方开挖至基坑底标高后发生土体隆起现象，应在被动区采取反压加固措施，并及时进行垫层及底板的施工。

⑦对于发生变形较大的区段，应及时卸除相应区段基坑顶部的材料堆载，并合理安排施工机械的停滞位置，控制支护结构变形的发展。

2）降、排水方面的应急处理措施：

由于大气降水造成地表浅层水量较多时，应在地面沿坑壁四周，距坑壁 1.0～1.5m 处设置排水沟，将雨水或其他地面水引流至远离基坑处排水，在坑壁的顶部地面喷射混凝土，防止坑边地面渗水。对地面开裂等情况应及时采用水泥浆封闭，防止雨水渗入。

3）环境保护方面应急处理措施：

土方开挖前应按照设计要求预先设立观测点，对周边环境变形以及地下水位等内容进行观测，并在施工过程中密切关注基坑监测数据，切实做到信息化指导施工。

4）根据基坑监测情况做好应急措施的材料（水泥、土袋、木桩、型钢等）准备。在施工过程中，做好作业人员、机具、器材等方面的应急准备，如发生坑壁失稳征兆或位移过大时，可立即实施补强加固施工。

（7）施工总平面布置

1）总平面布置

①出入口

根据工程的特点在江上大街设置一个出入口，大门宽 8m，出入口处设置汽轮机及冲枪，沿线相邻施工单位较多，进入我方施工主便道的交叉路口必须设置冲洗台。我方基坑挖出土方直接运至场区内弃土场。

②临时道路

在道路的右幅修筑一条 7.0m 宽的沥青面层道路，从标尾（江山大街）至标头，约 2.4km，此便道主要为项目的材料进场及周边相邻单位施工服务。为了施工现场能够更合理地组织施工生产，在道路的左幅又修建了一条用片石及建筑废料（混凝土块、砖块等）组成的临时性便道，部分利用了现状中心路，在该路的基础上修筑通往管廊、通道的支路，主要为土方开挖及后期的结构施工做准备。

③排水布置

基础施工阶段拟采用明沟，沿基坑边设置排水沟，排水沟截面尺寸为 400mm×400mm，并每隔 40m 左右设一个沉淀池，沉淀池尺寸为 1m×1m×1m，排水沟设 1‰排水坡，现场污水经处理后，汇集到一起排入市政管网。

④给水布置

根据施工需要，考虑 1 根 $DN150$、2 根 $DN100$ 自来水接入口，可保证场区内用水。

⑤临时用电

现场直接使用发电机发电，有专业施工单位接入二级箱，主要用于基坑支护和厂区施工夜间照明。

⑥临时住宿

根据现场情况，现场具备搭建临设集中住宿的条件，确保现场安全文明施工及工程的特点在 K2＋600、K3＋520 搭建两处临时设施，结构队伍提前进场配合挖土。

2）平面管理

①管理原则

根据施工总平面布置及各阶段布置，以充分保障阶段性施工重点，保证进度计划的顺利实施为目的。在工程实施前，制订详细的大型机具使用及进退场计划、每天运土计划，同时制订以上计划的具体实施方案，严格执行、奖惩分明，实施科学文明管理。

②管理体系

由项目部专人负责施工现场总平面的管理，并统一协调指挥。建立健全调度制度，根据工程进度及施工需要对总平面的使用进行协调和动态管理，总承包协调管理部对总平面的使用负责日常管理工作。

③管理计划的制定

施工平面科学管理的关键是科学的规划和周密详细的具体计划，在挖土过程中穿插破桩、清槽、砖胎膜施工时形成机械、劳动力的进退场、垂直运输等计划，以确保工程进度，充分均衡利用平面空间为目标，制订出切合实际的平面管理实施计划。

7. 质量保证措施（略）

8. 安全文明施工措施

（1）安全文明保证措施

①设立以项目经理为首，专职安全员，机台、班组兼职安全员为主的安全保证体系，建立文明施工制度，坚持工地文明施工。

②工地管理标准化，道路、材料堆场与钢筋制作场要硬化施工，办公室与职工宿舍全部采用彩钢板房。

③要求各工序、各工种严格按照相应的安全操作规程进行施工。强化安全教育，使职工在思想上重视安全生产，在技术上懂得安全生产知识，在操作上掌握安全生产要领。

④健全安全管理办法，根据"全员管理、安全第一"的原则，建立安全责任制，明确规定各级领导职能部门、工程技术人员和生产工人在施工活动中的安全生产责任。

⑤严格执行管理制度，施工人员进入现场必须戴好安全帽。遵守建筑安装安全操作规程的有关规定。

⑥针对现场实际情况，经常分析施工中可能出现的不安全因素，制定相应对策，防患于未然，并定期对施工机械进行维修检查，并记录运行性能状况。

⑦现场由专职电工 24h 值班，供配电电缆必须深埋，机械电器必须装好漏电保护装置；值班电工在阴雨天施工时要特别注意漏电保护装置是否正常工作，拖地电缆要尽可能架空设置，配电箱、开关柜要安全、稳定、可靠，一机一闸一控制，现场照明要充足，确保夜间施工的安全。所有机电设备均有安全防护设施和专人管理操作，机械操作人员必须持有操作合格证，否则不准上岗作业。现场机电维修人员应该经常检查设备触电漏电保护是否完好有效。

⑧现场施工人员配齐劳动保护用品，专职安全员经常巡回检查，违章者立即纠正并给予处罚。不随地大小便，不打架斗殴，不说脏话，不乱扔垃圾，保持衣着整洁，经常检查

监督并定期对照我公司安全文明施工考核标准进行评比验收，工地设公共厕所，并设专人打扫、管理。

⑨现场材料必须按照平面布置要求，整齐堆放，严禁杂乱无章，随意堆放。

⑩夜间施工必须配备足够的照明灯光，基坑开挖后在周边布设防护栏。

（2）安全管理制度

1）安全责任制度

①建立各级安全生产责任制，责任落实到人，在整个工地形成职责分明的安全工作网络。

②特殊工种必须持证上岗。做好各项安全记录台账。

2）安全教育制度

①安全教育分为安全教育和安全交底两部分。严格执行三级安全教育制度，凡进场人员，必须进行40h的三级安全生产教育，合格后方能上岗作业。对具体的分部分项工程进行安全技术交底，每一次下达任务的同时，对操作班组进行安全交底。

②班组进行班前上岗安全交底。做到无施工方案不施工，有方案无安全交底不施工，班组上岗前没安全交底不施工。施工班组要认真做好安全上岗交底活动记录，每周一上午组织不少于1h的安全教育活动。

3）安全设施验收制度

各种施工机械设备在进场使用前，必须经公司安检部门及当地技术监督部门验收合格，准允使用后才能投入使用。

4）安全检查制度

①定期和不定期进行安全检查。检查要抓住重点部位。对查出的事故隐患，要定人、定时间、定措施，进行整改，并履行复查手续。通过安全检查，不断提高和加强职工的安全意识，落实各项安全制度和安全措施。

②项目经理部每周一次组织各部门及各分包单位进行安全生产和文明施工检查，对发现的问题限时整改。

5）班级"三上岗、一讲评"活动

班组在上岗前必须进行上岗交底、上岗检查、上岗记录的"三上岗"和每周一次的"一讲评"安全活动。

6）"五牌一图"与安全标牌

施工现场必须有"五牌一图两重点"即：工程概况牌、安全生产牌、文明施工牌、管理人员名单及监督电话牌、消防保卫牌、施工总平面布置图、质量、安全控制重点，并在显眼处悬挂企业标志。宣传安全生产，在主要施工部位、作业点、危险区、主要通道口都必须挂有安全宣传标语或安全警告牌。

7）安全帽的佩戴

凡进入施工场地的人员必须正确佩戴安全帽，安全帽表面不得有裂纹。一个完整的安全帽应有帽壳、帽箍、顶衬、后箍、下颌带。

8）施工机具进场验收

进入施工现场的机具在安装后使用前，必须经安全部门检查验收合格后，方可进行施工作业。

9）传动部位的安全防护

各种机械的传动部位应进行安全防护。防护装置类型根据传动方式的不同进行设置。要求在传动机械危险部位设置防护罩，在危险部位加以封闭，避免人体及工具、工件、衣物等绞入。防护罩一般用薄钢板、钢丝网、钢板网等金属材料制成，材料应能够满足防护要求。

9. 应急救援预案

9.1 应急机构

成立以项目经理为组长的应急小组，负责对基坑支护及监控发现的项目安全、文明施工管理等问题进行决策和管理；由项目经理、项目总工程师、生产经理、安全总监、区段长、安全员、后勤主任组成，负责基坑支护及安全生产检查、方案的落实等。

1）应急领导小组：

组长：李××

常务副组长：李×

副组长：赵××、张×、龚×、顾×

组员：戴×、刘×、倪××、王××、孟×等各分包主要负责人。

2）应急领导小组的具体职责如下：

组长：负责主体结构之前整个基坑施工及监控的领导工作，协调统一安排，监督成员是否按方案的部署进行工作。

副组长：协助组长工作，侧重于施工现场的指导、督促，组织此阶段各工作施工前的人员培训。

组员：

倪××、王××：组织对分包单位管理人员实施方案、技术交底。

戴×、刘×：负责生产管理工作，落实材料、人员、机械设备的全部过程。

侯××、章××：负责施工现场的安全巡视、检查工作。

仲××、褚×：负责实施基坑支护施工、使用等方面安全文明施工工作。

周××：负责生活区、施工区的临时用电、生活区用电的规划、管理及检查工作。

应急队伍：队长王×，不少于20人等组成应急队伍；结构施工阶段，各结构施工队每队组织不少于20人的应急响应队伍。

应急抢险队：压密注浆队伍，6人一组，共两组，负责基坑渗漏修补、堵漏工作。

9.2 应急材料准备

应急材料准备如表4-9所述。

应急救援器材、设备、机具　　　　　　　　　　　　　　　　表4-9

序号	设备名称	型号	数量	负责小组	备注
1	应急照明灯	1000W	10个		应急料具
2	工字钢	20号	30根		应急料具
3	挡土板	钢制	200m²	应急救援	应急料具
4	铁锹		30把		应急料具
5	镐	—	30把		应急料具
6	抬土筐		30个		应急料具

续表

序号	设备名称	型号	数量	负责小组	备注
7	污水泵	$\phi100$	10台		基坑积水排除
8	水泥	P·O42.5	20t	应急救援	基坑漏水应急物资
9	堵漏剂	—	2t		基坑漏水应急物资
10	无线对讲机	—	10部		应急物资
11	安全帽	—	20个		应急物资
12	柴油发电机	—	1台		应急物资
13	装载机	—	1台		应急物资
14	急救医疗箱	—	4个	后勤保障	应急物资
15	氧气呼吸机	—	4部		应急物资
16	伤员担架	—	4具		应急物资
17	黄黑警戒线	—	80m		应急物资
18	警戒哨臂章	—	10个	治安巡视	现场巡视
19	录音机	—	2台		警示使用
20	照相机	—	2台		监测、检测
21	摄像机	—	1台		监测、检测
22	钢尺	50m	2把	技术分析	监测、检测
23	水准仪	DSZ-2+FS1	2		监测、检测
24	全站仪	GTS-601	1		监测、检测

9.3 紧急事故预案

在基坑土方开挖时，应严格按照设计要求及土方挖运施工方案要求进行施工，不得擅自篡改方案内容。在开挖过程中，当环境监测数值（围护）周围水平位移、变形，当日内有一项或多项突变发生时，可能会遇到以下几个险情：

（1）基坑积水预案

1）如果场区内支护结构存有滞水，土方开挖坡角出水时立刻采用明排法导水，即在含水区域挖坑（坑大小根据水量和现场情况而定），下入滤管，管外填充级配砂石，在管内下泵抽水。

2）施工期间应即时清除由于雨水和其他流入基坑的积水。

（2）基坑位移或变形一项或多项发生突变时

1）当基坑变形数值发生突变时，应立刻暂停突变区域施工，人员设备撤离出危险区域，项目部管理人员判断突变原因，必要时采取反压或顶撑加固措施。

2）当突变数值尚在受控时，迅速、及时将监测数值传真给围护结构设计人员，由施工单位项目总工负责与之进行沟通，制订解决措施和方案，并由施工单位项目总工向建设、监理、监测、施工单位各级管理人员通报其采取的解决措施和预备方案；在条件许可的情况下，请设计人员到施工现场共同分析原因，制订解决措施，增调施工机械设备和施工人员、加快施工进度、调整施工部署。

3）由项目部指派专职质量、安全人员对基坑边道路、观测井进行定时巡查，发现地面以及地面管线裂缝、下陷、渗漏等异常情况迅速向项目部生产主管、项目总工汇报，以便及时迅速采取措施。

4）当监测突变数值迅速扩大，或发生其他不明原因的异常情况时：安全部负责组织撤离现场施工人员。

5）由项目总工将情况通报设计人员，让其第一时间赶至现场，与建设、监理、监测、施工单位共同讨论抢险方案的实施。与设计人员商论对下沉道路、管线进行预埋注浆管，及时进行压密注浆加固处理，防止进一步下沉变形。基坑监测值突变时，同样采取注浆方式进行加固处理，防止基坑变形进一步增大。

（3）基坑土体开挖后基底土体隆起，基坑有失稳趋势

基坑土体开挖后，地基卸载，土体中压力减少，土的弹性效力将基坑底面产生一定的回弹变形（隆起）。回弹变形量的大小与土的种类、是否浸水、基坑深度、基坑面积、基坑暴露时间及挖土顺序等因素有关。回弹变形过大将加大构造物的后期沉降。

发生基坑回弹变形时，应立刻采取反压措施（压沙袋），应对基坑进行局部回填以得到临时稳定，赢得时间进行地基或支撑加固，回填可采用砂袋加固。

同时，当基坑变形超出设计变形警戒值时，应隔离相关区域，并及时邀请设计院和相关专家现场观察，根据现场变形情况采取相应解决措施，满足要求后方可解除隔离。

（4）基坑紧急事故应急预案

本工程基坑属于深基坑，深基坑土方开挖与支撑顺序施工不当，或基坑边材料、机具堆放超过设计允许荷载，基坑支撑遭破坏等都可能造成基坑事故。对基坑紧急事故必须采取应急措施。

1）基坑事故应急工作流程

基坑事故应急工作流程如图 4-63 所示。

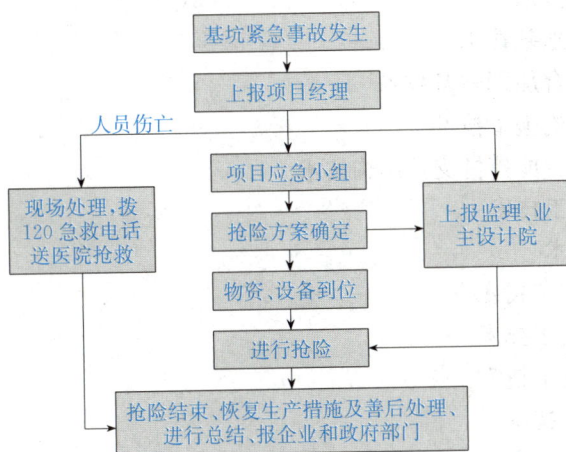

图 4-63　基坑事故应急处理流程

2）基坑紧急事故应遵循的原则

①施工现场一旦发生事故时，施工现场应急救援小组应根据当时的情况立即采取相应的应急处置措施或进行现场抢救，发生人员伤亡事故时立即拨打120急救电话，同时要以最快的速度拨打报警电话，应急指挥领导小组接到报告后，要立即赶赴事故现场，组织、

指挥抢救排险，并根据规定向上级有关部门报告。

②应急领导小组紧急疏散现场人员，基坑周围拉设警戒线。安排安全负责人监视基坑边坡稳定情况，及时清理边坡上堆放的材料。

③基坑紧急事故较复杂，应急预案不能处理时，要与业主、监理、设计院以及上一级组织制定专门的抢险方案。

④绘制事故现场平面图，标明重点部位，向外部救援机构提供准确的抢险救援信息资料。

⑤同时指派专人封闭出事现场，并取证（拍照），找事故目击者、知情者、相关者了解事故经过，并做好原始记录。

3）基坑事故的应急措施

①一旦发生事故，应尽快解除挤压，在解除压迫的过程中，切勿生拉硬拽，以免造成进一步伤害，现场进行各种伤情急救处理，如心肺复苏等。同时，就近送医院抢救。严重可能全身被埋，易引起土埋窒息而死亡的，在急救中应先清除伤者头部的土物，并迅速清除口、鼻污物，保持呼吸畅通。

②基坑内施工人员立即停止作业，从上人马道撤出基坑，上人马道拥挤时，撤至基坑内远离基坑支护位置躲避。

③应急领导小组启动救援预案，联系安排救援物资、设备、人员进场。

第 5 节　建筑业十大新技术

4.5.1　地基基础和地下空间工程技术

1. 灌注桩后注浆技术
2. 长螺旋钻孔压灌桩技术
3. 水泥土复合桩技术
4. 混凝土桩复合地基技术
5. 真空预压法组合加固软基技术
6. 装配式支护结构施工技术
7. 型钢水泥土复合搅拌桩支护结构技术
8. 地下连续墙施工技术
9. 逆作法施工技术
10. 超浅埋暗挖施工技术
11. 复杂盾构法施工技术
12. 非开挖埋管施工技术
13. 综合管廊施工技术

4.5.2　钢筋与混凝土技术

1. 高耐久性混凝土技术
2. 高强高性能混凝土技术
3. 自密实混凝土技术
4. 再生骨料混凝土技术
5. 混凝土裂缝控制技术

6. 超高泵送混凝土技术

7. 高强钢筋应用技术

8. 高强钢筋直螺纹连接技术

9. 钢筋焊接网应用技术

10. 预应力技术

11. 建筑用成型钢筋制品加工与配送技术

12. 钢筋机械锚固技术

4.5.3　模板脚手架技术

1. 销键型脚手架及支撑架

2. 集成附着式升降脚手架技术

3. 电动桥式脚手架技术

4. 液压爬升模板技术

5. 整体爬升钢平台技术

6. 组合铝合金模板施工技术

7. 组合式带肋塑料模板技术

8. 清水混凝土模板技术

9. 预制节段箱梁模板技术

10. 管廊模板技术

11. 3D打印装饰造型模板技术

4.5.4　装配式混凝土结构技术

1. 装配式混凝土剪力墙结构技术

2. 装配式混凝土框架结构技术

3. 混凝土叠合楼板技术

4. 预制混凝土外墙挂板技术

5. 夹心保温墙板技术

6. 叠合剪力墙结构技术

7. 预制预应力混凝土构件技术

8. 钢筋套筒灌浆连接技术

9. 装配式混凝土结构建筑信息模型应用技术

10. 预制构件工厂化生产加工技术

4.5.5　钢结构技术

1. 高性能钢材应用技术

2. 钢结构深化设计与物联网应用技术

3. 钢结构智能测量技术

4. 钢结构虚拟预拼装技术

5. 钢结构高效焊接技术

6. 钢结构滑移、顶（提）升施工技术

7. 钢结构防腐防火技术

8. 钢与混凝土组合结构应用技术

    9. 索结构应用技术

    10. 钢结构住宅应用技术

4.5.6　机电安装工程技术

    1. 基于 BIM 的管线综合技术

    2. 导线连接器应用技术

    3. 可弯曲金属导管安装技术

    4. 工业化成品支吊架技术

    5. 机电管线及设备工厂化预制技术

    6. 薄壁金属管道新型连接安装施工技术

    7. 内保温金属风管施工技术

    8. 金属风管预制安装施工技术

    9. 超高层垂直高压电缆敷设技术

    10. 机电消声减振综合施工技术

    11. 建筑机电系统全过程调试技术

4.5.7　绿色施工技术

    1. 封闭降水及水收集综合利用技术

    2. 建筑垃圾减量化与资源化利用技术

    3. 施工现场太阳能、空气能利用技术

    4. 施工扬尘控制技术

    5. 施工噪声控制技术

    6. 绿色施工在线监测评价技术

    7. 工具式定型化临时设施技术

    8. 垃圾管道垂直运输技术

    9. 透水混凝土与植生混凝土应用技术

    10. 混凝土楼地面一次成型技术

    11. 建筑物墙体免抹灰技术

4.5.8　防水技术与围护结构节能

    1. 防水卷材机械固定施工技术

    2. 地下工程预铺反粘防水技术

    3. 预备注浆系统施工技术

    4. 丙烯酸盐灌浆液防渗施工技术

    5. 种植屋面防水施工技术

    6. 装配式建筑密封防水应用技术

    7. 高性能外墙保温技术

    8. 高效外墙自保温技术

    9. 高性能门窗技术

    10. 一体化遮阳窗

4.5.9　抗振、加固与监测技术

    1. 消能减振技术

2. 建筑隔振技术

3. 结构构件加固技术

4. 建筑移位技术

5. 结构无损性拆除技术

6. 深基坑施工监测技术

7. 大型复杂结构施工安全性监测技术

8. 爆破工程监测技术

9. 受周边施工影响的建（构）筑物检测、监测技术

10. 隧道安全监测技术

4.5.10 信息化技术

1. 基于 BIM 的现场施工管理信息技术

2. 基于大数据的项目成本分析与控制信息技术

3. 基于云计算的电子商务采购技术

参 考 文 献

[1]　金广谦，梁缘等．碳/玻混杂纤维筋混凝土梁抗弯性能的有限元分析 [J]．玻璃钢/复合材料，2008（06）：37-40．

[2]　吴小军，金广谦等．预应力碳/玻混杂纤维筋混凝土梁受弯性能研究 [J]．建筑结构，2011（08）：120-123．

[3]　金广谦，王明峰．特殊工程地质条件下旋挖桩施工工艺探索 [C] //中国公路学会桥梁和结构工程分会2014年全国桥梁学术会议论文集．北京：人民交通出版社，2014：568-573．